武器輸出大国ニッポンでいいのか

池内　了
古賀 茂明
杉原 浩司
望月衣塑子

あけび書房

まえがきに代えて

――「メイドインジャパン」を平和産業の代名詞に

リオデジャネイロオリンピックが連日報道される２０１６年夏。同じ地球上では戦禍が止むことはない。かつて「オリンピック休戦」というものが提案されたことがあったが、今はそんな声さえ聞こえてこない。

８月15日、イエメン北西部ハッジジャ州でサウジアラビア主導の連合軍による空爆があった。国境なき医師団（ＭＳＦ）によると、病院の一部が破壊され、少なくとも11人が死亡、19人が負傷したという。13日には北部サアダ州における空爆によって子ども10人が死亡したばかりだった。これらは紛れもない戦争犯罪である。

イエメンでクラスター爆弾の使用を含む無差別空爆を繰り返すサウジアラビアに、米国や英国などは未だに公然と武器輸出を続けている。８月９日、米国務省がサウジアラビアに対して、エーブラムズ戦車130台など総額11億5000万ドル（約1178億円）の武器売却を承認したことが明らかになった。武器輸出大国はまさしく紛争に加担し、それを助長している。武器輸出は間違いなく、中東の悲惨な紛争に一向に終息が見通せない要因の一つだろう。そして今、憲法9条を一字一句変えていない日本が、この武器輸出レースに参入しつつある。

本書の企画は、2016年2月7日に武器輸出反対ネットワーク（NAJAT）が開催した発足集会をきっかけとして動き出した。当日発言した4人は異なるポジションから、「死の商人国家」への仲間入りをめざす日本に警鐘を鳴らした。研究者、元官僚、ジャーナリスト、市民活動家。本書では、その4人がそれぞれの立ち位置から見える日本の姿を報告している。

残念ながらマスメディアの多くは、進行する武器輸出や軍学共同の事実を伝えきれていない。読者はおそらく「ここまで来ているのか」と驚かれることだろう。

だが、一方で、必ずしも武器輸出や軍学共同が順調に進んでいるわけでないことにも気づかれるだろうと思う。その原因は、「死の商人国家」「武器輸出大国」になることを拒否する市民が、勇気をもって声をあげているからである。国のかたちが強引に変えられようとするとき、議会や政党やメディアにそれを阻む力が欠けているとき、最後の砦となるのは一人ひとりの市民に他ならない。「軍産学複合体」という巨大な権力を相手に、一人ひとりは微力であっても、一歩も退かない市民の努力こそが最後の希望となる。本書では、その希望の一端も感じていただけるのではないだろうか。

2007年に放映された私の大好きなNHKドラマ『ハゲタカ』の中で、大手電機メーカーの光学レンズ部門の米軍需ファンドへの売却が、従業員による独立（EBO）という起死回生の手段によってぎりぎりのところで阻止される。軍需ファンドが欲しがったベテラン特級技能士は、EBOに向けて、働く仲間にこう問いかける。

「われわれ技術者も、技術が何のために使われているのか、責任を持って感じ続けなきゃいけないと思う」

今、「メイドインジャパン」を誇ってきた日本の電機メーカーなどの多くは、世界の市場競争の中で後退を強いられている。その苦境を、武器輸出という禁じ手に踏み込むことで打開しようとすることがあってはならない。

人を殺すための技術ではなく、人を生かすための技術を。人を殺して儲ける経済ではなく、人が共に生きるための経済を。「メイドインジャパン」を平和産業の代名詞に。本書のメッセージが、迷いの中にある大企業の幹部に、その下請けとして日本のものつくりを支えてきた職人の方々に、さらには研究者の方々にも届くことを願っている。

2016年8月

武器輸出反対ネットワーク（NAJAT）代表・杉原浩司

もくじ

2章　国策化する武器輸出
―武器輸出ビジネスの最前線から見えること
望月　衣塑子

3章　急進展する軍学共同にどう抗するか
―問われる科学者の社会的責任

池内　了

4章　「死の商人国家」にさせないために
―武器輸出反対ネットワーク（NAJAT）の取り組み

杉原　浩司

1章

戦争を欲する社会にしてはならない

元経産官僚が見る武器輸出解禁「悪魔の成長戦略」

古賀 茂明 *Koga Shigeaki*

本稿は、武器輸出三原則撤廃の閣議決定や武器輸出の動きを批判し続けている経済産業省元職員の古賀茂明さんに、武器輸出反対ネットワーク（ＮＡＪＡＴ）代表の杉原浩司さんが、２０１６年７月22日にインタビューしたものに、加筆したものです。

「武器輸出三原則」を一瞬で撤廃した安倍政権

杉原　本日はご多忙のところありがとうございます。もう2年以上経ちましたが、２０１４年4月1日に安倍政権は、国会にも私たち市民にも諮ることなく、閣議決定だけで、今までずっと「国是」として定着してきた「武器輸出三原則」を一瞬で撤廃しました。そして、武器輸出を推進する「防衛装備移転三原則」を発表しました。

あのときに、私は友人たちと一緒に3月に院内集会をしました。憲法学者の青井未帆さんのお話をお聞きしたり、国会議員の発言も受けましたが、１００人弱の集会でした。官邸前で抗議もしたのですが、規模はそれほど大きくありませんでした。マスコミも含めて、日本社会全体の反応は非常に鈍いものでした。そのなかで、あっさり撤廃されてしまったという印象が強くあります。

何十年も国是として維持され、世論調査でも支持が非常に高かった。そういうものがあれほどあっさり撤廃されてしまったのは、まずどうしてなのかを振り返ってお聞きできたらと思うのですが。


古賀　あれはすごく意外でした。僕が経産省に入って2～3年目の1983年に中曽根内閣が対米武器技術供与の解禁をやりました。その時に僕はその担当課にいたんです。

中曽根内閣はアメリカの受けはいいだろうということでやったんです。そのときはすごかったです。予算委員会が何回も止まりました。技術だけだし、アメリカだけですが、それでも大騒ぎでした。

そのときに比べると本当に軽々と撤廃されたなあという感がします。ひとつには、当時の民主党の中であまり反対する人がいなかったということが大きいと思います。

元々、野田内閣のときに武器の国際共同開発などを包括的に武器輸出三原則の例外とする、かなりの大幅緩和をおこないました。そもそも、国家安全保障会議も民主党の頃からの流れですから、後に民主党が安保法制反対という立場に立ったのがむしろ路線変更ではないかと思ったほどです。つまり、政権にいた民主党のときからどちらかというと安倍政権に近いような、特に野田政権は安倍政権に通じるような流れをつくっていたと思います。

その延長線上なので、国会で反対するのは共産党や社民党しかいない。そういう意味では、議論がそもそもなされる土壌がほぼなくなっていたという感じがあります。

それから、武器輸出三原則は政府統一見解とか、国会での答弁とかの積み重ねでできているものなので、憲法でもないし法律（結果的には法律に反映はされているのですが）で最初にがちっと決まっているものでもないということです。もし、武器輸出禁止法という法律があって、それを撤廃しますという話だと非常にわかりやすくて反対運動もやりやすかったかもしれませんが、閣議決定となると国会の承認なしにできるわけですから、それも一つの要因なのかなと思います。

また、「武器と言っても本当の武器ではありませんよ」みたいなことを安倍政権は当時よく言っていました。「海難救助のための飛行艇とか、軍隊の病院にもいろいろなものを輸出したいので、そういうのも場合によっては武器輸出三原則に該当することになってしまうから」とか言っていました。

いかにも戦争と関係ないものを輸出するんですというイメージづくりを大いにやって、マスコミはほとんどそれを批判的に見ずにそのまま報道して、海難救助のためならいいんじゃないのというぐらいの、ほとんど国民が意識しないまま武器輸出三原則を撤廃してしまったということだと思います。
もう少し大々的に議論すれば、相当もめた話だと思います。

オーストラリアへの潜水艦商戦の顛末

杉原　そうですね。
　2年前に三原則が撤廃されて以降、いろいろな案件が動き出しました。とりわけいきなりの大型案件として、オーストラリアへの次期潜水艦商戦の行方が注目を集めました。合計12隻、総額4兆円以上のビッグプロジェクトをめぐってフランス、ドイツと競ったのですが、当初はアメリカからも後押しされた日本が有利だとする報道も流れ、私たちも非常に危機感を持って様々な取り組みをおこないました。結果的には4月末にターンブル政権がフランスを選び、日本の官民連合は落選しました。この大型商戦に日本が参入したこと、そして結果的には敗北したということが持っている、今後の武器輸出にとっての意味も含めて、古賀さんのご意見をうかがえたらと思います。
古賀　武器輸出というものが、普通の商売と全然違うものなんだということを改めて認識させられた案件だったと思います。

もちろん、まず第一に驚いたのは、「海難救助艇ですよ」と言っていたのとは全く違って、戦略的に最も重要と言われる、少なくとも海軍にとって今一番重要だと言われる新型の潜水艦の商戦に、いきなり日本が飛び込んでいったということです。武器輸出の中でもある意味、本丸中の本丸、戦闘機の輸出と並ぶぐらいの重要な商談に日本が早速参加していった。しかも、かなりいい勝負をしたことが驚きでした。

もちろん、これをやっているメーカーの人たちの中には「そんなことやっていいのかな」と思っている人もいるでしょうし、それからこれで儲けるのは大変なのではないか、採算取れるのかという不安もあったでしょうし、いろいろ批判されるのではないかという不安もあったでしょうし、手放しで三原則がなくなったから「やった、やった」と言って飛び出していったということではないと思います。

心理的にはかなりネガティブな要因もあったと思いますが、しかし、そこにちゃんと参加して堂々と戦っているということです。

負けた原因はいろいろあると思います。単なる技術が優れていればいいとか、コストが安ければいいとかいう単純な商売ではなくて、非常に複合的な、要するに軍としての全体の戦略に関わることです。

逆に言えば、ここで勝つことは、つまりオーストラリア軍と日本軍がこれだけ大事なものでも商談をとるということは、両国の軍が一体化するという意味合いを持っているものだったということです。日本側は、その点の認識が少し弱かったと思います。

ただ、安倍政権は武器輸出を一つの成長戦略の柱にしていますから、どうしてもこれで儲けていくんだということになれば、今回を教訓として、逆に、勝つためにはどうするか、ということになります。ますます自衛隊とほかの国の軍隊が一体化していくという方向に行かないと勝てないということが分かって、その方向に進んでいく一つのステップになるだろうなという心配はしています。

もう一つ驚いたのは、負けて残念だったという空気がマスコミの報道にはあったんですね。

杉原　ありましたね。

古賀　僕らは負けて良かったなということなんですが、「負けて残念だった」「その原因は何なのか」「徹底的にそこを検証して次に活かさなければいけない」というマスコミ論調です。「武器輸出三原則撤廃で良かったんですか」という議論が全くすっ飛んでいますが、すっ飛んでいることでこんなに一気に変わってしまうんだなということも示した案件だったと思います。

杉原　そうですね。落選当日のＮＨＫの夜11時台のニュースでキャスター2人が揃って、

「いやあ、残念でしたね。ネガティブキャンペーンを張られましたからね」と平気で言っていて、驚きました。いつの間にそんな時代になったんだという印象がありました。

欧米に見る「軍産学複合体」社会の恐ろしさ

杉原　ところで、国際武器見本市「ユーロサトリ」についてです。隔年でフランスのパリでやっている世界最大級の武器見本市ですが、2年前に初めて日本が参加したときは、かなり調子に乗って、「ついにここに来ました」というような雰囲気がありましたが、2年経っての今年6月には、前回参加した大手の6社のうち、三菱重工を含めて5社が出展を見合わせました。様子見ということです。

オーストラリアの潜水艦商戦での落選と合わせて、防衛装備庁の中には、武器輸出はそううまくはいかない、ここでどう巻き返すかということに今なっていると思います。日本には、幸い、いわゆる「軍産複合体」、あるいは「軍産学複合体」がまだそれほど確立していない、むしろ、今それをつくろうとしている段階だと思います。

一方で、既に軍産複合体、軍産学複合体が根を張っている社会、アメリカが一番そうでしょうが、特にフランスのお話を古賀さんが以前されていました。その社会の恐ろしさ、空気とかメディアも含めての恐ろしさを改めてご紹介していただけたらと思います。

古賀　アメリカのことはいろいろ強調されて報道されていますが、ヨーロッパもほとんど同じです。

僕はフランスのテレビの放送をときどき見ます。それで気がついたのは、昨年1月頃から何回かにわたって、「ラファール戦闘機がまた売れました」「また売れそうです」というニュースを流していました。

ラファール戦闘機はフランスが独自開発したものです。NATOが「共同開発をしましょう」と持ちかけたのですが、フランスがやはり俺が一人でやると言って開発した戦闘機です。結果的には2014年の生産はわずか11機で、大失敗だと批判されていました。それが2015年になってエジプト24機、カタール24機、インド36機、アラブ首長国連邦60機と大型商談が相次ぎ、「売れています」というニュースを繰り返しやるんですね。

最初見たときはびっくりしたのですが、日本の昔の軍歌をバックにしての大本営発表のような勢いで、国営放送が流すわけです。まずそれ自体に対する違和感がありました。

それと、フランスは積極的にイラクとかシリアへの空爆に出て行っていますが、空爆をしている最中にラファール戦闘機売り込みのニュースを流しています。

昨年の11月13日にパリで大規模テロがありました。それは偶然だと思いますが、その前日にも大々的に「ラファールバカ売れ」について報道していました。僕がそのときふと思ったのは、フランス国内にいっぱいいるその報道を見ていたアラブ人が、何を感じたかなということです。

そして、10月のときの報道で強調されていたのが、労働者がすごく喜んでいるという点でした。

インタビューを受けると、これで5年ぐらいは安泰らしい、給料も上がるかもしれないし、雇用も増えるらしいと言って、組合の人とか労働者の人たちが、手放しで喜んでいるという絵が流れていました。この兵器で人を傷つけることになるなんてことは、かけらも考えていないという感じの報道です。

軍産複合体が恐ろしいとよく言いますが、僕がそのとき思ったのは、もちろん軍産複合体自体、非常に恐ろしいことですが、一番恐ろしいのは、そういう一般の、我々と同じ立場にいる普通の労働者が、武器が売れて喜ぶことです。

逆に言うと、武器が売れないと悲しむとか、困るという社会が、少なくともフランスでは実現している。

そういう目で見てみると、例えば、アメリカはこれから10年ぐらいかけて国防費をかなり下げようとしています。それがあちこちで話題になっていて、工場でのレイオフが始まるのではないかとか、国防費削減でどの工場が一番打撃を受けるのかとか、そのような議論をしているのです。それは、要するに、武器が売れなくなると困るという視点です。

それから、イギリスでスコットランドの独立が取り沙汰されています。そのスコットランドに原子力潜水艦の基地があるのですが、原子力潜水艦の更新時期に当たっていました。それを労働党のコービン党首が「原子力潜水艦なんかいらないんだ」と言ったら、労働組合がものすごく突き上げて、デモもしました。これも恐ろしいことだと思います。

結局は軍産複合体どころではなくて、労働者まで巻き込んで武器をつくれという話になる。武器をつくれというのは結局のところは、戦争がなければ生きていけないという、そっちに引っ張られていく社会がヨーロッパでもアメリカでもできているのだなと。これは非常に恐ろしいことだなと思います。

なぜかというと、いざ戦争を始めるというときは政治家が決めるわけですが、それをとめるのは最後は市民です。戦争をとめる最大の歯止めになるはずの市民が、労働者という立場で武器が売れないと困る、逆に、武器が売れればうれしいという立場に身を置いてしまえば、戦争をとめる歯止めがなくなります。その意味でも武器産業がどんどん大きくなるのは非常に危険なことだと思いましたね。

杉原　そうですね。日本の場合は、市民の中に「武器輸出で儲けるのはだめじゃないか」、「〝死の商人〟は嫌だ」という感情がまだ残っていて、それとの力関係で今、政府も企業も動いていると思います。

しかし、今おっしゃったお話を意識したときに、市民として考えなければならないことというのでしょうか、その辺りはどうお考えになりますか。

古賀　これは、一回依存してしまうと抜けられないということなんです。日本の場合、まだ武器産業はそんなに大きくなっていないので、そういう意味ではほかの産業を伸ばしていけばいいだけの話です。いかにしてほかの産業にシフトして、武器に資源を投入しないようにするかが一番大事なことですよね。

それで、市民に伝えていかなければいけないのは、ほかの国のそういう状況です。普通の人から見れば、武器を輸出することがいいことだと思うはずはありません。しかし、実際には、別に悪人ではなく実に普通の人が先ほどのように自然に思ってしまうような状況が生まれてくるんです。

どうなる防衛利権、軍事利権

杉原　そうですね。

古賀さんは経産省の元官僚でいらっしゃいます。この武器輸出の問題と絡めて、官僚の問題について少しお伺いします。

２年前に、防衛装備移転三原則というわけのわからない名前の武器輸出推進の三原則がつくられて、２０１５年10月１日に防衛装備庁が発足しました。この間のそういう制度的な変化の中で、防衛省や経産省の官僚の、例えば天下りの問題などを含めた、いわゆる防衛利権、軍事利権は一体どうなっているのか、あるいはどうなっていくのかについてお話をうかがいたいのですが。

古賀　武器を輸出するかどうかは、本来は防衛政策とか外交政策の問題です。しかし、中谷防衛大臣の記者会見の場で、武器輸出に関して、「これで要するに経済的な利益はあるのか」との趣旨の質問が出ました。質問した記者は、「これは別に経済のためにやっているわけではありません。日本の国防のためにやっているんです。金儲けのためにやっていることではありません」との回答を予想していたのでしょうが、「これは成長戦略の柱になります」との答えを中谷大臣はしているんですね。

本来ならば表だって言えないこと、つまり、「金のために武器輸出をやる」ということが堂々と正面に出てくる段階に入ってしまったのです。実態はそこまで来てしまっている。実は、防衛庁の時代から、経産省からは防衛省に何人か出向する決まったポストがありました。昔は、装備局長は常に経産省、装備局の課長ポストなどにも中堅官僚が出向するのが決まりとなっていました。

今はちょっと流動的になっていて、局長クラスは防衛省の人ですが、審議官クラスは経産省の人だと思います。

杉原　オーストラリアへの潜水艦売り込みのときも防衛審議官という中心人物が石川正樹という経産省から出向した人でしたね。

古賀　結局、武器輸出だけではなくて武器や装備を担当する際には防衛省と経産省で共同で管理しましょうということになっているのです。つまり、利権を山分けしましょうという体制になっているということです。

かつて防衛施設庁がいろいろな問題を起こして一回潰れたのが、防衛装備庁という形でまた発足するということになり、武器の調達や武器の輸出などが成長戦略の重要な柱の一つになっていますので、組織的にも強化しようということです。

今までも武器輸出は防衛省、経産省の利権になっていたのですが、これが大きく拡大するということですから、もちろん両省とも、何とかその利権の取り分をより多く獲得したいと思うわけです。だから、利権の取り合いみたいなことになりかねないのですが、それでお互いを刺し合うようなことになれば、どちらも損する可能性があるので、そこは大人の対応で、共同で協力しながら利権をウィンウィンで拡大して行きましょうねという協力ゲームが成り立っているのです。

施設庁のときは賄賂をもらったりしていたんです。ただ、今、そういうことをする官僚はあまりいないですが、天下りというのは合法化された贈収賄ですよね。両省が協力しながら、それが拡大していくのは確実だと思います。

杉原　天下り以外の利権はどういうものがありますか。

古賀　今はほとんどが天下りです。

あとは、昔はビール券を何百枚とか、それで10万円とかになるわけです。そういう形の贈賄もあったし、盆暮れの付け届けでビール券とか、商品券とかに姿を変えて。今はどうでしょうか。

例えばゴルフの接待は、一時期は綱紀粛正でほとんどできなくなっていましたが、今は復活してきています。あと、結構あるのが自分の子どもを会社に入れてもらうというケースです。電力会社がすごく多いですが、ほかの業種でも隠れておこなわれているのではないかと思います。

良識ある官僚はますます孤立

杉原　そうですか。

以前はそれこそ武器輸出三原則がありましたし、外務省も含めて、武器輸出三原則をある程度誇りにしていたとも言えます。日本の役割は軍縮だということを公式の文書にも書いていた時期も長くありました。

しかし今、それが全く逆になってしまっています。こういう動きをよしとしていない、懸念しているような人たちが防衛省なり経産省なりの中に果たしているのかということと、仮にいたとしても、そうした官僚が内部で何らかの働きかけをする余地が果たして残っているのか。

今実質的には、官僚のトップは官邸が決めるようになってしまっています。あるいは秘密保護法の存在もあるなかで、良識ある官僚はますます孤立していくと思いますが、その辺りはどうですか。

古賀　こんなにやってしまって大丈夫かなと思っている人は、確実にいると思います。ただ、経産省と防衛省ではちょっと立場が違って、経産省の人は割と防衛政策についてはノンポリ的な人が多いです。武器に関する仕事は、経産省の中ではごくごく一部の小さな割合しか占めていません。ですから、仕事上、安保政策について明確な立場を持つ必要がないので、個人の考え方が見えにくいのかもしれません。中には、結構タカ派的な考え方を持っていて、武器輸出もどんどんやるべきだと考えている人がいるのかもしれませんが、多くの経産官僚は、武器輸出についてはどちらかというと金儲けの観点からしか考えていないと思います。以前は武器輸出は悪いことだと皆当然のこととして考えていたと思いますが、今はそういう雰囲気ではないですから、問題意識が相当薄れていると思います。

防衛省では、「武器輸出には問題がある」と考える官僚は、さらに少なくなってきているでしょう。ほとんど問題意識が薄れてきてしまっているのではないかと思います。

それから、人事権との関係で言えば、実際は人事権を官邸が掌握したと言われていますが、実は、元々、局長以上の幹部の人事は必ず官邸に相談してから決めることになっていたのです。

小泉政権のときに総務省の幹部人事が相当変えられてしまったという例もあります。

だから、内閣人事局ができたこととの直接の関係は、僕はないと思っています。

政治家と官僚の間の緊張関係は、その時々の内閣の姿勢によって全く変わってきます。安倍内閣の場合は相当露骨に信賞必罰、俺の言うことを聞く人はいいけど、そうでない人は徹底的に干すぞぐらいの強面です。それは制度的な問題というよりは、僕は安倍内閣の政権の特色だと考えています。

政治家が官僚人事に関与するのはけしからんという意見がありますが、これはあまり正しくないと思っています。なぜかというと、例えば政治家が改革をしたいというときに官僚が抵抗することが非常に多かったのですが、そういうときに人事権を振りかざして、改革をちゃんとやらないのだったらクビだぞ、とやったほうが本当は正しいです。そういう意味ではいい政権を選ぶかどうかがポイントだと思います。

市民が官僚にプレッシャーをかける有効な方法は

杉原　武器輸出反対運動を私たちがしてきたなかで、いつも私が話の中で紹介する防衛省の官僚がいます。防衛省時代は装備政策課長をやっていて、２年前のユーロサトリの武器見本市のときに、イスラエルのブースのところで、「イスラエルの無人機の機体と日本の技術を組み合わせれば、いろいろな可能性が生まれる」とＮＨＫスペシャル（２０１４年10月放映）で堂々としゃべった堀地徹さんという方です。防衛装備庁になって昇進して、装備政策部長になりました。

三原則撤廃以降の日本の武器輸出の実務面でのキーパーソンで、つい7月1日に人事異動で南関東防衛局長になったんですが、本人はまた戻りたがっているらしいです。私の印象だと、官僚がイスラエルと武器を開発することがいいと堂々と言うことが、空前絶後というか、ここまで来ているんだという印象が非常に強かったんですね。

ただ、私たちは政治家を選挙で選ぶことはできますが、官僚を直接選ぶことはできません。そのようななかで、何とかしてこういう官僚を退場させたいと思って、いろいろ問題にはしてきましたが、退場させる手段は直接的にはないですよね。

市民が官僚に対して物を申して、プレッシャーをかけていく方法についてはどうお考えですか。

古賀　結局、どうやってプレッシャーをかけるかというと、官僚が嫌がることをやるということなんですね。二通りあって、小物官僚と言ったら悪いけど、気の小さい普通の官僚相手だったら、とにかく官僚の名前と顔を晒すことです。

いろいろなところで発言したり書いたりしているものを市民がウォッチして、それで

「何々さんはこんなこと言いましたよ」「ひどいですね」としつこく言っていく。１回言われただけで怖くてやめてしまう人も結構います。

ただ問題は、堀地さんもそうかもしれませんが、確信犯ですね。その人たちはなかなか難しくて、ただ批判してもますますやる気になってしまったり、あるいは批判されていることを大臣とか安倍さんにアピールして、「私はこんなにいじめられているのに頑張っています」みたいに。怒られるということは、自分の得点になると考えている人もいるんです。

杉原　たちが悪いですね。

古賀　だから、そういう人は単純な批判ではなかなかめげないし、叩けないので、なるべく失言をさせるということです。それから、半分嫌がらせみたいなことだけど、そうではなくて人間性の問題でもありますから、政策以外の挙動、例えば女癖が悪いとかいうような話も含めて、世論から厳しく監視されているぞということを知らせるということです。

そして、結局は政治家です。そういう発言をしたら、例えば大臣記者会見で記者が厳しく問い詰める。「官僚がこんなことを言っていますけどいいのですか。こんなのを野放しにしていいのですか」ということで問い詰める。

そうすると、大臣はむしろ、そういうことはセンシティブに感じる。要するに、政治家は選挙がありますから、特に選挙前になってくればセンシティブです。そうすると、「これは行き過ぎた発言ですから私から厳重注意にします」とかになるので、政治家にプレッシャーをかけて、政治家は官僚を指導するということが大事です。

ただ、安倍政権だとなかなか期待しづらい。難しいですけど、本来は政治家をしっかりさせる。政治家をきちんと選んでいくのが一番大事ですよね。

民生品の軍事転用をどう規制するか

杉原　そうですね、なるほど。

経産省の仕組みに関わる話ですが、先ほど紹介したＮＨＫスペシャルの後半でも、日本の中小企業がつくっているレンズがアメリカの仲介業者に売られて、それをその仲介業者が各国の軍に売っていく姿が紹介されていました。

以前からよく言われていますが、日本は武器を直接海外には売ってこなかったものの、非常に高度な日本の民生品とか民生技術が海外で軍事転用され、武器に組み込まれてきました。民生品の軍事転用については、例えば北朝鮮であったり、今は解除されましたがこの前まではイランであったり、そのような国については非常に厳しく経産省が輸出管理をしていました。しかし、アメリカ、ヨーロッパを含めたいわゆる友好国という大多数の国に対してはそれらの技術がそのまま輸出されていて、それを各国の軍隊などが軍事に使うようになってきてしまっている。

現状で言うと、むしろ日本政府、防衛装備庁が積極的に民生技術の軍事転用を推進していく方向に活発に動いています。これに市民がきちんと網をはり、規制をかけていくことが大事になってきていると思います。

そのときに、今までの武器輸出三原則もそうでしたが、経産省が携わっている輸出管理の仕組みを何とかしないといけないと思います。そのあたりについてどういうことがやれるのかも含めて、少しお考えをうかがえないでしょうか。

古賀　これは実に難しいです。武器に転用される、武器に使うために輸出するいろいろなやり方が今でもあります。しかし、知らないで普通の民生用だと信じて輸出してしまうという場合は止めようがないので、難しいですよね。どうなんでしょう、むしろ今より厳しくするしかないですよね。

でもそれをやると、一般の取り引きを阻害する恐れがあります。一番厳しくするには、民生用だと証明しない限り輸出はだめですというようなことをやるとか…。ただ、中小企業が輸出先がどんな企業かを調べるのはすごく難しいです。例えば経産省自身がもっと幅広く調査をやるとか、それも大変ならば、大使館とかジェトロとかに依頼して、相手先企業の調査をやることを義務付けるようなことは、非常に高度な技術についてはあり得ますね。

あるいは、例えば向こうから仕様の変更とか、こうしてくれとかいろいろなやり取りをしているうちに、途中で相手先のことがわかるとかいうこともあるじゃないですか、契約してしまったあとでも。そういうときにキャンセルをして、違約金を取られるというようなときの保険とか、政府の規制に触れるからやめざるを得ませんといったときの違約金を保険で賄うとかも大切なことですよね。

杉原　そういう仕組みを政府としてつくるということですね。

古賀　貿易保険の中につくるとかね。

杉原　武器輸出を促進する保険ではなく、良いほうの保険ですよね。

古賀　とにかく、どういう形でそういう悪質な転用がおこなわれるのか、その実態をよく調べて、それに対応するきめ細かい規制をすべきです。ざくっとやってしまうと普通の取り引きが大きく阻害されてしまう可能性があります。

それから、もう一つは、企業を監視する意味で、この企業はこんなものをつくっていたらこんな転用をされましたと、たまたまそれは法律には引っかかっていなかったかもしれないけれど、ひどいことになっていますよ、ということをマスコミとか市民が情報発信をしていく。そうするとその企業の社会的な評判が落ちて、例えば人を雇いにくくなるとか、そういう効果を出していく。それも大切でしょうね。

僕は武器をつくっている会社に対して、不買運動を市民がやったほうがいいと思います。日本は不買運動がタブーのような感じですが。

杉原　私たちＮＡＪＡＴはその呼びかけを始めています。

古賀　そういうことをしていかないと、なかなか勝てない気がします。

無人偵察機のイスラエルとの共同研究

杉原　新しい例として、共同通信が今年の6月30日に配信して地方紙にしかまだ載っておらず知っている人は少ないのですが、防衛装備庁がイスラエルと無人偵察機の共同研究の準備をしていると報道されました。両国の軍需企業にも参加の打診をしており、準備は最終段階ということです。

イスラエルは以前の武器輸出三原則では「紛争当事国になる恐れのある国」とされて

いました。ところが、安倍政権の防衛装備移転三原則で装備・技術移転、つまり武器輸出が可能になってしまいました。私たちもこれはあまりにもひど過ぎるということで、取り組みを始めつつあります。およそ信じられない、ここまで行くのかという印象が非常に強いのですが、どう思われますか。

古賀　ふたつ問題があると思っています。

ひとつは、無人偵察機というか、要するにロボット、殺人ロボットという問題です。無人偵察機は人を殺さないからいいんだという議論がありますが、何のために偵察するのかということを考える必要があります。「無人」ということは自分は傷つけられないという安心感があるので、人を殺すことに関してハードルが非常に下がるんです。だから、普通の武器とは違う武器であるという位置付けにして、これを拡大していくことに歯止めをかける、そういう条約などを早くつくらないといけないと思うんですね。

ところが、最近の技術者たちの議論は逆で、危ないから研究をやめろとなると、大変にいい研究が阻害されるのではないか、だからそれを阻害しないためのルールづくりをしろという議論です。そのような意見の人たちが今増えていますが、僕は全く逆で、そういうものが拡大する前に、その開発と使用についての禁止条約とか抑制条約を早くつくらなければならないと思います。

もう一つ、イスラエルということです。イスラエルと最先端の殺人兵器を共同開発することはいろいろな意味合いで重要なポイントになってくると思いますが、イスラエルと共同開発した途端に中東全体を敵に回すということです。

イスラエルは非常に高度な技術を持っていますが、それをアメリカは全部自分が取りたいわけですね。だから、アメリカは日本と共同開発するときでも、自分の技術は渡さないけれど日本の技術は渡せというような、吸い上げるような感じがあります。ところが、イスラエルは割と対等にやるんです。そして、同じものをつくるときも非常に安いです。

ですから、イスラエルと本格的な共同関係ができていくと、日本のメーカーもこれはおいしいなとなって、どんどんのめり込んでいくのではないかと危惧します。

杉原 危ないですね。

古賀 ただ今のところ、イスラエルという国のイメージが悪いというのが歯止めになっていて、メーカーも余り積極的に「私はイスラエルとやっています」と言いたくないし、そう思われたくない。そういう歯止めが今のところはかかっています。

したがって、メーカーが今希望しているのは、政府主導でやってくれということです。例えば、日本・イスラエル協定とか、共同開発協定とか、協定まで行かなくても、何とか交換公文とか、正式にそれを推進しますという取り決めをまず政府がやる。そして政府からの、「これは国策です。協力してください」という要請がメーカーにあって、やむにやまれず出ていくような形をつくってください、という話になっていくような感じがします。

杉原　そうなりそうですね。

古賀　政府は何となく「儲かるぞ、儲かるぞ」「行け、行け」とやっていますが、メーカーは「う〜ん」という感じですよね。「政府は何もリスクを取らないんですか」みたいな感じがあります。

そこで政府が一歩踏み出すと、メーカーは最初は恐る恐るかもしれませんが、やってみるとアメリカと違ってイスラエルは結構対等にやってくれて、おいしい、みたいな感じになっていく可能性があると思います。

それによってイスラエルに武器輸出をどんどん拡大したり、イスラエルと共同で第三国に武器を輸出していくことになる。さらに、日本がイスラエルと共同開発した武器で、中東でアメリカと一緒に何かやったりしたら、もう既に遅いかもしれませんが、完全にテロリストのターゲットのリストの上位になります。

今すでに、テロリストのターゲットの一番手はもちろんアメリカですが、その次のグループがイギリス、フランス、イタリア、そして日本はそこに並ぶぐらいにいるような気がします。

ドイツもたくさん武器輸出をしていますが、難民をたくさん受け入れているとか結構ポイントではうまく演技をしているところがあります。日本は既にテロリストのターゲットのかなり上にいるのに、イスラエルと組んでやっていますとなると、すごく心配ですね。

杉原　恐ろしいことですよね。

古賀　それを何とかして食い止めていかなければならないと思います。

「死の商人」ではなく「希望の商人」「夢の商人」へ

杉原　古賀さんは月刊誌『世界』2016年6月号の記事でも、今のアベノミクスの中に原発と武器の輸出が位置付けられていると書かれていました。そして、それは「悪魔の成長戦略」だとおっしゃっています。その意味をお話しいただければと思います。

それと、悪魔の成長戦略ではなくて、例えば自然エネルギーを輸出していくという全く逆のオルタナティブな経済ビジョンを古賀さんは主張されています。それについてもお願いします。

古賀　「武器や原発で自分たちの経済を成長させましょう」というのは、イデオロギー的、あるいは倫理的な意味でおかしいという議論があります。しかし、それはイデオロギーとか倫理感で変わってくるわけです。皆がやっているからいいじゃないかという人もいますから。

しかしもうひとつ、損得で考えてどうなのかという議論があります。日本の場合は、特にこれから急激な少子高齢化で人が足りなくなります。一般の労働者も足りなくなるし、それから何よりも若い人たちが減るので技術者が少なくなるわけです。

そうすると、いろいろな分野で研究開発などを進めていくときに、どこを優先するかという問題に今既に直面しているわけです。そうしたなかで原発や武器に人を割いていくとなると、必ず何かが犠牲になっていくわけです。そこを考えなくてはなりません。原発を拡大することは、逆に自然エネルギーが伸びる余地を少なくするわけですから、そういうところへの技術開発とか研究が縮小していきます。

それから、原発とか武器は輸出することによって、もちろんお金ももらえるけど、逆にいろいろなマイナスがあるわけです。武器の場合は直接的にいろいろなところで敵をつくっていきます。テロに狙われるし、敵をつくることはそれだけ一般的なビジネスがやりにくくなっていきます。日本に対する友好度が下がる国がたくさん出てくるわけですから。

そういう意味で、原発はもちろんそこで事故が起きたら大変だし、そういう大きなマイナス面を持っているのですが、そうではない産業もあるでしょう、ということです。例えば、自然エネルギーの技術やプラントを輸出していくことによって、その地域の環境問題を解決していくとか。

あるいは、自然エネルギーは安全保障上も非常に重要です。自前エネルギーですからね。その国の安全保障にも資するということで、副次的な意味でもプラスがあるという産業です。

あるいは例えば、自動車産業もただ大きくするのではなくて、電気自動車が今しのぎ合いになっていますが、そこにどんどん人を投入していって、原発とか武器で結構高度な技術を持っているエンジニアを新しい分野に振り向けることによって、世界の排気ガスやCO_2の問題を解決していく。そのようなことで、輸出していくといろいろな副次的なプラスの効果があって、しかも日本のブランドに対して非常にプラスのイメージができると思います。

「武器は絶対売りません。原発なんて危ないものは売りません」ということによって、

〝死の商人〟ではなくて〝希望の商人〟〝夢の商人〟としての顔に変わっていくという道を目指したほうが賢明です。

しかも、自然エネルギーは、原発よりも遥かに伸びるわけです。武器も確かに伸びるとは思います。特に、アジアで伸びます。

しかし、「本当に武器をどんどん増やしていいですか。中東を見てください。ああやって欧米が武器をあそこに持っていってなかったら、あんなことには絶対なってないはずです」との問題提起を日本がアジアの中でしていくべきです。

中東を見ればわかります。中東製の武器はほとんどありません。エジプト、イスラエルはあるけど、ほとんどありません。人が持ち込んだ武器によって自分たちが殺し合いをしているという、非常に悲惨なことになっているんです。

アジアでもこれから同じことが起きる可能性があるわけです。「中国に対抗して皆で武器を増やしましょう」ではなくて、「アジア全体の軍縮を皆で考えましょう」と、「武器関連産業を小さくして、もっともっと平和な産業を拡大しましょう」というキャンペーンを日本がリードしていくことが大切だと思います。

杉原　そうですね。そういう政権をつくりたいですね。

古賀　今は、日本の平和ブランドが本当になくなってしまって、恐ろしいですよね。僅か

1年でほぼ完璧になくなってしまったというのが恐ろしい。

杉原　もっとお聞きしたいことがたくさんありますが、時間ですので終わらせていただきます。ありがとうございました。

2章

国策化する武器輸出

武器輸出ビジネスの最前線から見えること

望月 衣塑子 *Mochizuki Isoko*

日本、潜水艦事業で脱落

「日本、潜水艦事業で脱落」

オーストラリアのターンブル首相が正式にフランスとの潜水艦の共同開発を発表するおよそ一週間前、官邸内には、日本が選定から漏れそうだという話が飛びかっていた。「性能と経験値からすれば日本に決まるのではないか」、「オーストラリアでの雇用確保も含めて様々なことも妥協した。最終局面ではドイツとフランスに追いつけた」（いずれも大手防衛企業幹部）と期待感が高まっていた政府や防衛企業にとって、「日本の受注脱落」の知らせは青天のへきれきだった。

２０１６年4月26日、ターンブル首相は、記者会見を行い、次期潜水艦共同開発の相手に、潜水艦での輸出実績があり、原子力潜水艦を転用する案を示していたフランスを選出したと発表した。日本は世界最高レベルと言われる海上自衛隊の「そうりゅう型」潜水艦をベースにした共同開発案を提示していたが選ばれず、「日本の武器輸出の試金石」（防衛装備庁幹部）として位置付けられていた総事業費５００億オーストラリアドル（約4兆２０００億円）とされる潜水艦の武器輸出は幻に終わった。

ターンブル首相は会見で、「(フランス案を採用しても)日本との特別な戦略的パートナーシップを強化していく」とし、日本との関係に配慮をみせ、発表前日に安倍首相に、選定結果を電話で伝えた。その後、オーストラリア国防軍関係者らを日本に派遣し、日本との継続的な協力関係をアピールする一方で、フランス案で新たに2800人の雇用が生まれるとして、フランス案の選定が、オーストラリアの産業発展や、雇用創出につながることを強調した。

ターンブル首相は4月19日、議会解散を求める方針を表明。7月2日、29年ぶりに上下両院のダブル選挙を行い、ターンブル首相率いる与党連合が勝利した。オーストラリア国内では、「日本との軍事関係強化は、輸出全体の4分の1を占め、鉱石や石炭の二大輸出先である中国との関係を悪化させる」と、経済への影響を懸念する声も多く、世論は割れていた。中国の王毅外相も2月、訪中したオーストラリアのビショップ外相に対し、「日本は第二次大戦の敗戦国で、戦後の武器輸出は、日本の平和憲法や法律の厳しい制約を受けてきた」と日本をけん制した。

防衛装備庁や三菱重工らの官民合同チームにとって、事業からの脱落は「悲痛な」ニュースだった。三菱重工の宮永俊一社長は、2月にオーストラリアの首都シドニーを訪問し、造船業が盛んなアデレードなどの都市を巡り、オーストラリア政府関係者や議員と接触し、受注への意欲を伝えた。現地の新聞には、「SHARING TECHNOLOGY FOR A MORE SECURE AUSTRALIA（オーストラリアのさらなる安全のために、技術を共有します）」と一面広告を掲載し、アピールに躍起だった。三菱重工は、受注後に備え、4月の人事異動で、防衛部門でミサイルなどに携わる優秀な社員を造船部門に新たに置くなど、武器輸出へ向けた体制を強化していた。オーストラリアへの売り込みのために費やした費用は数億円を超えているとみられる。

三菱重工は、受注脱落の知らせを受け、「日本の提案が十分に理解されず、今回の決定に至ったことは誠に残念。日本のみが唯一4000トンクラスの通常動力型潜水艦で数十年にわたって建造と運用の実績を有していること、日本がオーストラリアのパートナーとなることで、潜水艦建造のみならず、あらゆる産業に雇用と事業機会、そして投資をもたらすとの考えは変わっていない」と悔しさをにじませたコメントを掲載した。

防衛省は、武器輸出の旗振り役となる防衛装備庁を2015年10月に発足させ、海外との交渉役を担う、防衛装備庁の国際装備課には、担当者を4人から20人に増員して配置。オーストラリア政府との交渉のため、オーストラリアの在日本大使館に優秀な防衛官僚を送り込むなどして力を入れてきた。防衛装備庁幹部は、「想定もしていたとはいえ、フランス受注の可能性を耳にした時、省内では衝撃が走った。残念としか言いようがない」と落胆の色をあらわにする。

大手防衛企業幹部は、「アメリカは日本の潜水艦を後押しするため、水面下でオーストラリア政府に『欧州の潜水艦を選んだら、アメリカ製の最新の戦闘システムを入れさせない』と伝えていたとも聞き、我々もそう理解していた。だから官邸、防衛省も寝耳に水だった。昨年秋、アメリカの政府関係者に、潜水艦の共同開発をアピールしたら、『日本、ドイツ、フランスはいずれも同盟国。アメリカはどこにも肩入れしない』と言われ驚いたが、結局、最後に後押しをするはずのアメリカは、その方針を転換させたようだ。オーストラリアの首相が、安倍首相と懇意だったアボット首相から、中国寄りのターンブル首相になった時点で、そもそもダメな話だった」とため息を漏らした。

三菱重工幹部は、「フランスの（造船大手）DCNS社は、直接、オーストラリア政府と契約を結んでいる。けれど日本の場合は、オーストラリアの窓口は、あくまでも日本政府だ。だから、うちだけが、フランスのように単独でどんどん武器輸出のために判断し、行動することは許されない。難しい状況の中での戦いであり、フランス企業と同じ観点で、脱落の原因を分析されても困る」と苛立ちを隠さなかった。

終始、消極姿勢だった日本

オーストラリア政府は、当初、オーストラリア海軍の要求していた性能に最も近い海上自衛隊の「そうりゅう型潜水艦」を優先して輸入する方向で、防衛省はじめ政府と水面下で交渉を進めていた。2014年4月、オーストラリアと日本は船舶の流体力学分野での共同研究協定を結ぶことに合意、日本での日豪首脳会談（2014年4月）、日豪外務・防衛閣僚級協議「2＋2」（2014年6月）を重ねて、同年7月にオーストラリアで開かれた日豪首脳会談では、日豪防衛装備品・技術移転協定に署名がおこなわれるなど、潜水艦輸出への地ならしを整えつつあるようにも思えた。

海上自衛隊の元幹部は、「米側は、日豪で開発した潜水艦を、将来的には、東南アジアなど日本周辺の国々にも輸出できるという構想を抱いており、日豪で開発した潜水艦を使えば、日米豪の潜水艦ネットワークを、他の周辺国とも共有できるとも主張していた」と明かす。

しかし、防衛省内には、「周辺国との安全保障における関係構築は重要だが、機密の塊の潜水艦の輸出はハードルが高すぎる」として、潜水艦を実際に扱う海上自衛隊の幹部らからは反対の意見も根強かった。同時期、米政府高官は取材に、「武器輸出をするにしても、オーストラリア政権が主張する潜水艦をオーストラリア国内で、作らせるということは認められない。万一、通信・装備品の技術が流出した場合、米軍が危険にさらされる可能性もあるからだ」と、オーストラリア国内での建造案には難色を示していた。

オーストラリア国内での高い失業率

しかし、その後、2015年になりオーストラリア国内の雇用情勢が悪化、失業率が6%台に高止まりし、二十代以下の若年層に至っては失業率が10%を超えるようになると、日本の潜水艦輸入を強く押していたアボット首相への批判が高まり、「日本から潜水艦を輸入するアボット首相の案では、オーストラリア国内での雇用が生まれない」などと世論が反発、アボット政権への支持率が低迷し、党内でも「潜水艦の日本発注をアボット首相が独断で決めようとしている」と批判が高まり、2015年2月には、議員団内でアボット首相への信任投票がおこなわれる。批判の高まりを受け、アボット首相は、党内不和を打開するため、同月、次期潜水艦の受注を「競争的評価プロセス（CEP）」による競争入札に切り替えると発表した。

しかし、この時点で日本側の危機意識は低かった。「技術流出でのデメリットも大きくなるのではないか」（海上自衛隊幹部）や「武器輸出を支援する政府の体制はほとんど整っていない」（大手防衛企業幹部）などの意見が、防衛省や防衛企業の側に相変わらず根強かったことも影響した。同年3月にオーストラリアで開催された次世代の潜水艦会議には、オーストラリア国防相が出席したが、日本から参加したのは海上自衛隊の元海将2人だけだった。

オーストラリア政府は同月、選定手続きへの参加を要請する書面を日本、ドイツ、フランスに送ったが、ドイツとフランスは早々と参加を表明する一方、日本は国会で議論になっていた安全保障法制への影響などを考え、即答せず、国家安全保障会議での議論を経て、5月になってようやく入札への参加を決めた。

焦り出す日本

2015年9月、与党内でアボット首相が退任に追い込まれると、日本に対する風向きは一気に変わっていく。新たに就任したターンブル新首相は、親中派として知られ、外交顧問に中国大使を務めたフランシス・アダムソンを起用、新聞記者として北京に特派員の経験があったジョン・ガーノーを報道担当補佐官に起用するなど、対中国重視の色合いを強め、国内での雇用増を優先課題にあげた。これに伴い、潜水艦受注でも日本有利とみられていた状況は一変、受注は事実上、白紙状態となった。

この頃、日本側にも「もしかしたら受注を逃すかもしれない」（防衛装備庁幹部）という焦りが生じてきた。

「日本は潜水艦をオーストラリアで初日から建造できると確信している」

２０１５年10月、シドニーでの潜水艦事業の現地説明会で、防衛省の石川正樹官房審議官は、こう記者団に語り、受注への政府の意気込みをみせた。

それまでオーストラリアでの現地生産に消極的で、武器輸出にも今ひとつ積極性のなかった日本だったが、防衛省と三菱重工、川崎重工との20人の官民合同チームを結成。同年10月、11月にはシドニーやメルボルン、アデレード、ブリスベーンなどの各都市で現地説明会を開き、潜水艦の実物大模型を置いたり、強度のための溶接技術を教えたり、オーストラリアの技術者３００人を訓練する訓練センターの設置や、オーストラリア国内で総計４万人の雇用を創出し、整備や補修など長期間にわたって日本が協力することをアピールし始めた。

オーストラリアを取り囲む広大な海でオーストラリア海軍が対応できるよう、そうりゅう型の全長を6～8メートル延長し、大型の蓄電池を積むことや、リチウムイオンの蓄電池への移設も検討していることなども説明された。

2016年2月のオーストラリア地元紙「オーストラリアン」の取材に、若宮健嗣防衛副大臣は、「日本のそうりゅう型がオーストラリアの次期潜水艦に選定された場合、ステルス技術を含む機密をオーストラリアと共有する」とも言及し、機密度の高いステルス技術の輸出にも含みをみせたため、関係者を驚かせた。

百戦錬磨のフランス、ドイツ、中国のけん制

武器輸出での経験値の差は、しかし大きく出た。フランスは、日本の潜水艦受注が有力とされていた2014年11月、ル・ドリアン国防相がオーストラリアを初訪問し、アボット前首脳や国防相と会談、潜水艦建造事業への協力をアピールした。

「フランスとドイツは武器輸出大国で百戦錬磨。オーストラリアの街を歩くと至る所に、ドイツとフランスの潜水艦事業の宣伝の看板があった」（欧米の軍事企業幹部）というように、武器輸出大国のドイツ・フランスのオーストラリアでの現地対策は、企業が直接、オーストラリア政府と交渉できるということもあり、日本のそれよりはるかに早かった。

フランスのＤＣＮＳ社は、現地対策のため、２０１５年４月、ジョンストン前オーストラリア国防相の側近で、オーストラリア海軍出身で潜水艦の乗船経験があるショーン・コステロ氏をフランス現地法人のトップに就任させ、受注獲得のために、地元企業やオーストラリア政府関係者への水面下での働きかけを始めた。一方、三菱重工の現地法人設立は、２０１６年４月で、受注発表の直前、フランスのそれとは1年ほどの後れをとっている。

２０１６年３月には、フランスのル・ドリアン国防相が、軍事企業のトップらを一同に引き連れて再びオーストラリアを訪問し、フランスとの共同開発でのメリットを繰り返し訴えた。

オーストラリア国防省のデニス・リチャード事務次官は、3月のオーストラリア地元紙「オーストラリアン・フィナンシャル・レビュー」の取材で、「アメリカが日本を支持し、オーストラリアは戦略的な観点から日本を選ぶという臆測もあるようだが、国防省はあくまで潜水艦の能力に対する評価によって判断する」と述べている。結果、ふたを開けてみると、ドイツやフランスに比べて消極性が際だった日本は最下位だった。オーストラリアの公共放送ＡＢＣは、4月20日の放送で、日本の脱落についてオーストラリア政府担当者が、「日本側の熱意が欠けていた」と明かしていたと報じている。

欧米系大手防衛企業幹部は、「潜水艦の性能や日本の潜水艦建造での実績をみれば、圧倒的に日本の方が良かった。それなのに何故、フランスだったのか。

ダブル選挙を勝つために、ターンブル首相は、雇用確保でのメリットを強く国民に伝える必要があった。共同開発でのメリットについて、フランスやドイツの企業の宣伝が日本のそれより勝っていた。『日本は熱意がなかった』という言葉は、そこを指摘しているのだろう。そういう意味でも、今回の入札は、潜水艦の性能の評価ではなく、政治的な決着だった。

しかし、オーストラリアはスウェーデンのコリンズ級潜水艦で使えない潜水艦に大金を支払った苦い経験があるが、原子力潜水艦を通常動力の潜水艦に転用するという、実用化していないフランスの潜水艦を受注することで同じ轍《てつ》を踏むことにならなければいいが…」と話す。

神戸製鋼所の幹部は、「正直ほっとした所と、がっくりした所の両方です。武器輸出となったら取り組まなければいけない課題はかなりあった。日本政府の武器輸出のリスクにおける企業への補償がはっきりしないなかで、会社としてオーストラリアでの建造事業にシフトするという決断は、ある意味リスクの大きい話だった」と安堵の表情をみせつつ、「ただ防衛装備庁や、安倍首相率いる官邸サイドの落ち込みは激しいと聞く。『性能面で保証されている日本の潜水艦が輸出できずに一体これから何を日本は武器輸出できると言うのか』と、そこを言われると我々も心苦しい所だが」と話した。「新三原則ができても、正直、武器輸出への心構えというのは、気持ちの面でも、組織の体制の面でも十分できているとは言いがたい。このまま他国への潜水艦輸出にも同じように踏み切っていっていいのかも正直わからない」と悩ましい本音を吐露した。

川崎重工の村山滋社長も4月の記者会見で「防衛装備品を海外に売って商売することは今まで考えていなかった」とし、武器輸出について「国策なので、同盟国との友好関係のために必要ならば、政府に協力していく」としつつも、「ビジネスにつながるかどうか、考えないといけない」と慎重な姿勢を示している。

武器輸出でのリスク

安倍政権は、武器輸出解禁の象徴的な存在として、世界に誇れる技術を備える日本のそうりゅう型潜水艦を何としてでもオーストラリアに輸出したかった。それだけに今回の脱落の知らせは、「安倍首相にとってはショックな出来事だったようで、落胆の色を示していた」（大手防衛企業幹部）と言う。しかし、潜水艦の武器輸出には課題も山積していた。海上自衛隊のＯＢや大手防衛企業の幹部に話を聞くと、皆一様に潜水艦輸出でのリスクを指摘した。

選定国の発表前、三菱重工幹部は、「オーストラリアの技術者300人の訓練センター設置を掲げたが、オーストラリアの技術者のレベルは、実際にみると想像より高かったが、日本の技術者のレベルには及ばない。どの程度の訓練でどこまで教育できるのかなどの見通しはまだ立っていない。会社としての課題は山積みだ」と話した。

日立製作所の幹部は、「武器を輸出したら、技術が流出する恐れは常にある。潜水艦も含め、輸出後に他の国に技術が移転されないような仕組みができていないと正直厳しい。だから、いまは様子見だ」と慎重な姿勢をみせた。

海上自衛隊OBは、「新三原則ができていきなり潜水艦の輸出となったが、潜水艦はハンドルも弁も全部機密の世界だ。艦内のパイプのつなぎ手の鋳物技術は普通の鋳物ではできない。どんなに硬い潜水艦をつくってもこの鋳物技術が全ての潜行深度、爆雷への衝撃耐力を決める。潜水艦用のリチウム電池も秘の塊。あれを、出していいのかどうか。潜水艦の音が出ないポンプ類は、民間では使っていない。ポンプ類は設計書などを基に特許をとった瞬間にその仕組みが分かってしまうので、特許も取れない。それを出してもいいものかどうか」と話す。

同幹部は、「潜水艦のパーツを割って成分を分析したら、相手国にも技術が分かる。潜水艦を輸出するということは、全て相手にさらけ出すということ。自分がもし中国の司令官だったら、20年か30年後に、使った潜水艦は退役になるから、オーストラリアから日本の潜水艦を買い取り、徹底的に分解して材料を分析すれば同じ物をつくれる。今は中国とものすごい差がある。だけどそこで同じものをつくられたら…」と不安を隠さない。

別の防衛企業幹部は、「潜水艦の製造に関わる1400社の企業は、武器輸出をしたら会社の知的財産をどう守るかという議論が日本ではきちんと進んでいない。潜水艦の高度な技術が流出した時の補償は何もない」と話す。

アメリカは、武器輸出のため、対外有償軍事援助（FMS）という制度を整える。米企業が日本に武器を売る場合、日本に直接売らずに、米政府が価格に将来の研究開発費などを含み、利益率を加えて企業から武器を買い取り、日本に売る。補修や整備などについても米政府は、技術者を武器輸出国に派遣、不具合などの整備・補修をおこない、相手国に技術の流出がないかなどを調べる。アメリカ政府は、整備補修や訓練支援など、人的な交流も一緒にしたうえで武器輸出を推進している。

防衛企業幹部は、「FMSは企業を守り、技術流出を防ぐための制度。潜水艦を輸出するのであれば、FMSと同様の体制を本来、日本も整えるべきだ」と話す。

三菱重工幹部は、「潜水艦輸出への名乗りでは、そもそも安倍首相とアボット前オーストラリア首相による政治的な判断で決まった。一企業としてどうこうできる状況ではなかった」と話す。

一方、2015年10月、オーストラリアのノーザンテリトリー政府は、年間100隻以上の軍艦が行き来するオーストラリア北部ダーウィン港を中国企業に99年間5億オーストラリアドル（約440億円）で貸す契約を締結した。潜水艦の事業受注をおこなうなかで、防衛の拠点となる港を中国の嵐橋グループに貸し出すことを決めたのだ。三菱重工幹部は、「オーストラリア政府が、一体本音で何を考えているのか。日本の安全や機密はどこまで守られるのか。正直わからない所だらけだ」と不満を吐露した。

川崎重工幹部は、「日本の武器輸出解禁の動きは、あまりにも早くて、アメリカのような枠組みや支援体制をつくる時間がない。そんななかで防衛省や経産省が、防衛企業にとにかく『売れ、売れ、売れ』とやっている。政府に言われたことには絶対に反対できないから、一生懸命、『こういう資料つくれ、ああいう資料つくれ』と言われたことに答えて資料を出すが、実際にそれをやっても海外とは商習慣が違うから非常にリスクがある」とこぼした。

別の大手防衛企業幹部も、「潜水艦の武器輸出は政府内で、クローズで話を進めようとしていた。企業の担当者が、防衛省の職員や自衛官に接触して『輸出にはこういう問題がある』と言おうとしても、みんな会おうとしない。接触していろいろと情報交換して、それがマスコミに漏れてたたかれたら大変だという理由でね。皆、そう思っているからリスクを言わない。

安倍首相はたぶん、安全保障上の情報が漏れるリスクとか、オーストラリアの技術力がどの程度か知らない。オーストラリアに潜水艦を期限内に造れなければ、違約金を何千億と払わされる。会社が倒れるぐらいのリスクを背負うということについて、政府に情報がいっていないのではないか。国民の税金がそこで使われたらさらに批判が出るだろうに」と政府への不信感をあらわにする。

別の防衛企業幹部は、「安全保障面で安倍首相の言う『美しい世界』からみると、中国を含む周辺国が潜水艦を持ち始めており、わが国の防衛の極めて重要な潜水艦を使い、日本・アメリカ・オーストラリアと協力するということは重要なのかもしれない。潜水艦は日本の持つ最高の技術。それを出すということは、オーストラリアを信じているというメッセージ。でも一方、オーストラリアはすごく中国に近い。オーストラリアでは法律上、共同開発したものは全て自分の知的財産として、他国に売ってもいいことになっていると聞く。もし、潜水艦の技術が漏れたらどうするのか」と首をかしげる。

川崎重工の幹部は、「ドイツとかフランスみたいに民間に売るのであれば、日本も武器輸出用のバージョンをつくらなきゃいけないが、日本はそういう経験はない。工場で『バージョンを落とすか、もうちょっと手を抜いて悪いものをつくったらどうか』と言うと、日本の職人かたぎの人は『そんなのできない』と言う。『いいのをつくろうと、我々は努力しているのに何で悪いものをつくるんだ』となる、それが日本の職人達の気質。そもそも日本は、武器輸出に適した国なのか、そういう問題もある」。

別の大手防衛企業幹部は、「みんなそうですけど、レッテル貼りというか、戦後70年間、武器輸出三原則によって、武器には協力しないという方針を貫いてきた企業からすると、やはり空気をつくられるということがあるので、どうしても慎重にならざるを得ない。死の商人という言葉を言われたら、やはりきつい」と世論の批判も気にかける。

武器輸出反対ネットワーク「NAJAT」設立

潜水艦の建造事業を皮切りに、武器輸出策を一気に拡大しようとする政府の動きに反旗を示す市民団体も現れた。２０１５年12月18日の日本・オーストラリア首脳会談の前日、潜水艦の武器輸出を阻止しようと、法政大学の奈良本英佑名誉教授ら市民が、武器輸出反対ネットワーク「ＮＡＪＡＴ」（杉原浩司代表）を立ち上げ、池内了名古屋大学名誉教授、ルポライターの鎌田慧氏ら22人が賛同人として名を連ねた。

ＮＡＪＡＴは、軍学共同反対アピール署名の会や安保関連法に反対するママの会、ＮＧＯ非戦ネットなどの多くの市民グループとも連携して活動を進めている。武器輸出反対のステッカーやタグ、三菱電機、川崎重工、富士通、東芝などがどのような武器を製造開発し、海外に売ろうとしているのかを記したアクションシートなども作成、ウェブ上で公開するなど、その活動は非常に組織的で視覚的にも分かりやすい。

４月には、ＮＡＪＡＴの呼びかけに応えて、神戸市にある三菱重工や川崎重工の造船所を地元の市民団体が訪問。「武器輸出をやめてほしい」とする両社の幹部あての要請文を手渡し、参加した主婦らが「武器輸出や戦争につながるものをつくらないでください」と抗議の声を伝えた。

ＮＡＪＡＴの杉原代表は「日本はこれまで武器を輸出しない国として世界に誇ってきた。しかし今、対中国を意識した軍備増強と連動する形で、武器輸出が推進されている。世論の大半が武器輸出に反対なのに民意が可視化されていない。いまこそ武器を輸出するなと訴えることが必要だ」と訴える。

市民による抗議行動に防衛企業も頭を悩ます。大手防衛企業幹部は、「軍事部門が企業にとって大きな収益源ではないなかで、市民の側からたとえ小さい動きであっても、不買運動や抗議活動をされ、武器との関わりを大きな声で指摘されるのは正直痛い話だ。武器輸出に携わることは、一方で国民の非難を受ける覚悟も必要になる。武器輸出にもろ手をあげて賛成できない理由の一つです」とつぶやく。

狙われる潜水艦技術

中国の王毅外相が2月に日本の潜水艦受注をけん制していたように、オーストラリアの潜水艦受注への中国政府の関心は非常に高かった。2015年11月には、オーストラリアの有力紙「オーストラリアン」や複数の地元紙が、潜水艦に名乗りをあげた日本、ドイツ、フランスに対し、中国とロシアが過去数か月の間、潜水艦を狙ったサイバー攻撃を仕掛けていると報道している。

大手防衛企業幹部はこれについて、「潜水艦に限らず、中国からのサイバー攻撃はたえず受けている状況だ、何を狙っているのかさえ、正直わからない」と苦笑する。オーストラリア紙の取材にドイツ関係者は「潜水艦の建造拠点になっているドイツの都市キールで一晩に30〜40回のサイバー攻撃があった」とも証言。複数のオーストラリアの地元紙は、機密が漏えいした可能性は低いとしながらも、潜水艦事業で手を挙げたドイツの大手機械メーカー「ティッセンクルップ」のコンピューターから、オーストラリアの潜水艦に関する機密情報を盗み取ろうとする動きがあったことなどを報じている。

オーストラリア統計局によると、２００６年以降、オーストラリアには、45万人が中国から移住している。オーストラリアの国別輸出先では、中国はトップで輸出全体の４分の１を占め、オーストラリアの鉄鉱石や石炭は二大輸出品だ。堅調なオーストラリア経済は、中国の強い鉱物資源需要に支えられており、王毅外相の日本受注へのけん制発言に裏付けされるように、オーストラリア国内には、中国との関係悪化になりかねない武器輸出による日米オーストラリアの「中国包囲網の形成」に、批判的な意見も多い。

アメリカは武器を輸出する際、技術を隠すブラックボックス化のための技術開発をおこなったうえで海外に武器を輸出し、技術流出を防ぐ対策を取る。一方、輸出経験のほとんどない日本には、ブラックボックス化への対策は「潜水艦事業の受注が決まってから検討する」（防衛装備庁幹部）と話し、ほぼ皆無だ。

軍事ジャーナリストの神浦元彰氏は、「原発の例をみれば、賄賂やハニートラップなど含めて、中国はその技術が欲しいと、あらゆる手を使って日本人の技術者に接触する。オーストラリアへの移民が急増する中国人が、もし潜水艦技術を欲しいと思えば、あの手この手で情報の入手を図るはずだ。ブラックボックス化をはじめ、技術流出への対策が不十分なまま、潜水艦の武器輸出に踏み切れば、日本の安全保障そのものが脅かされることになりかねず、本末転倒だ」と指摘する。

大手防衛企業幹部は、「安倍首相は残念がっていたようだが、結果として、オーストラリアへの技術流出の懸念はこれでなくなった。武器輸出の制度が整わないなかで、泥船に乗ることにならなくて良かったということに将来はなるんじゃないか…。正直、ほっとしているよ」と話した。

別の潜水艦建造に関わる中小企業幹部は、「技術流出の問題は、あってからでは取り返しが付かない。どんなに質を落とした潜水艦を出そうとも、潜水艦を共同で建造すれば、技術流出の問題は避けて通れなかった。三菱重工業には悪いが、正直、日本のためには、これで良かったんだと心底思う」と、表情を崩した。別の防衛企業幹部も、「政府や防衛装備庁は、目玉となる武器輸出の成果を急ぐが、軍需への依存率が平均5％ほどの日本の多くの企業の本音は、『できれば市場拡大が見込め、世論の批判を受けにくい民間で実績を伸ばしたい』だ」と話す。

政府は、武器輸出に大きくかじを切った。しかし、これまで自衛隊という限られた市場に対し、武器を生産・開発、販売してきた防衛企業から聞こえてくるのは、武器輸出に踏み出すことに躊躇する不安の声だ。

尻込みする防衛企業や官僚たち

武器輸出に大企業が消極的になりつつある姿を象徴するのが、2年に1度フランスのパリで開催される、世界最大の国際武器見本市「ユーロサトリ2016」への大手5社の不参加だ。

前回参加した6社のうち国内最大手防衛企業の三菱重工はじめ、川崎重工、東芝、日立製作所、富士通の5社が参加しない方針を決めた。大手で2回目の参加を決めたのは日本電気（NEC）のみで、「情報通信システムなどで、欧州での需要が見込めるのではないかと判断し、参加を決めた」とする。

NECは前回参加でビジネスに直接結びつくものはなかったが、数社から声掛けをもらったといい、今回は、無線通信システムや浄水システムを展示した。初参加を決めた三菱電機は、「欧州における防衛や軍事市場の動向を確認したい」と、高精度のGPS移動計測装置やヘリコプターの衛星通信システムなどを電子掲示板などで展示した。

参加を見送った理由を取材すると、「出展費用や人件費などで出費がかさむ。会社として防衛部門で使える予算はそう多くはなく、費用対効果を考え今回は取りやめた」（日立製作所）、「多角的に検討した結果、不参加にした。詳細は営業戦略上話せない」（東芝）、「費用対効果など、総合的な観点から判断して不参加を決めた」（三菱重工、富士通）、「民生品と違い、商談を企業だけでまとめることが厳しく、商機に結び付きにくいと判断し取りやめた」（前回参加の防衛企業幹部）などの声が聞こえてきた。

武器輸出を認める防衛装備移転三原則が閣議決定された2014年4月から2か月後の同6月に開催された「ユーロサトリ2014」では、今回不参加を決めた三菱重工、川崎重工業、日立製作所、東芝、富士通など大手含め計13社が参加し、過去最大となった。

これまで同展示会は、中小の防衛企業のみが参加していたが、新三原則決定後、経済産業・防衛両省が、政府の企業向け説明会で大手にも参加を直接呼び掛けるようになり、2014年の時は、これに応じた三菱重工や川崎重工など大手6社が初めて参加を決めた。6社はいずれも防衛省と防衛装備品の取引額が12位以上（2012年度）の常連だったことから、新三原則を受け、政府が大企業とタッグを組み、武器の海外輸出に乗りだそうとする姿勢が浮き彫りになったようにみえた。

「ユーロサトリ2014」では、三菱重工は、新型の装輪装甲車の模型を初披露、戦車用エンジンもパネルで展示。川崎重工は、戦闘機の練習で使う空対空の小型標的機や地雷探知機、米軍が偵察や特殊任務で使用する四輪バギーを実物やパネルで展示。日立製作所は、陸上自衛隊で使用する車両や地雷探知機、災害時に橋を復旧するための機動支援橋などを出品した。東芝やNECは、民間向けに開発した気象レーダーや無線機などをパネルや模型などで紹介、軍事転用の可能性を探った。このほか、超高輝度の監視カメラや自衛隊に納めている落下傘など、軍事転用の可能性を秘める中小企業の商品も多数出品された。

前回参加した川崎重工は「世界の防衛産業の需要動向を探りたい」、東芝は「レーダー技術の軍事への転用がどの程度可能か、市場の反応をみたい」と期待を寄せていた。通信機メーカーの「池上通信機」（東京都大田区）は、暗い所でも超高感度で撮影ができるハイビジョンの監視カメラを新たに開発、それまで民間の放送局などを主な販売先としてきたが、前回は、「自社製品がどこまで軍事転用が可能か、海外の防衛市場でどの程度、需要が見込めるか探りたい」と話していたが、２０１６年は参加を見送っている。

「商機は薄い？」

「ユーロサトリ２０１４」で日本企業の総合代理店を担ったクライシス・インテリジェンスの浅利真社長は、大手５社が今回の展示参加を見送ったことについて、「新三原則になったからといって、実戦経験のない日本の武器が、すぐに海外の成熟している武器市場で売れる可能性はかなり低い。出展費用と掛け合わせると、そこにビジネスチャンスが見込めないのであれば、企業側も参加を取りやめるしかなかったのではないか」と分析、「ユーロサトリに商機を見出したいとするのは、中小企業の方だ」と話す。

クライシスには、今回の出展に際し20社以上の中小企業が出展の問い合わせをしてきたが、出典費用が高額なため、参加を見合わせた企業が多かったという。大手が参加を尻込みするなか、防衛装備庁幹部は「今年は『下町ロケット』を合言葉に、民生分野で活躍する中小企業の商品をユーロサトリで売り込みたい」ともくろんだ。

防衛装備庁は、中小企業の出展費を肩代わりするとして1月、ユーロサトリへの参加企業を公募、十数社が応募し、審査の結果、5社が選ばれた。選定された5社のうち、防衛省と取引のある企業は、落下傘を開発製造する「藤倉航装」(東京都品川区)と光学精密機器メーカーの「ジャパンセル」(東京都町田市)の2社のみ。他は、ナットなどの締結部品や金属加工品を製造する「フカサワ」(東京都文京区)、防刃性の高い織物を造る「杉本織物」(石川県かほく市)、水を通し身体を冷却させるベストを開発した「装研」(千葉県松戸市)が選ばれたが、いずれも防衛省との取引関係は過去にはない。

「ジャパンセル」は2度目の参加となる。同社は、3・11の大震災後、「電源が取れない被災地などで使える電灯を造れないか」との防衛省の要請を受け、長さ60センチ、重さ4キロで、車のヘッドライトの8倍の明るさを放つ高輝度の携帯型のサーチライトを新たに開発、2014年のユーロサトリに出展した。

その結果、海外の防衛や消防、警察関係者からの反応が良く、商品も売れたため、欧州に代理店を置き、販路を拡大した。今回の再出展も、「世界最大の武器見本市で、軍人、消防や警備、警察などの関係者も多く、欧州だけでなく中東やアフリカからも人が来る。サーチライトの海外市場をさらに広めるには絶好の機会だ」と期待を寄せた。

「藤倉航装」も、前回から引き続き参加した。前回は、自衛官が使う落下傘や救命胴衣を実物やパネルで展示したが、今回は、民生品として藤倉が独自で考案した落下傘の開発・設計技術をアピールした。担当者は「防衛装備品の場合、防衛省の許可も必要になる。独自開発した民生品の落下傘技術が、海外の防衛市場でどの程度通用するのか、今回の展示を通じて見極めたい」と話した。

ナットなどの締結部品を製造する「フカサワ」や防刃性の高い生地を開発した「杉本織物」、冷却装置を備える衣料品を作る「装研」も、いずれも民生品として使用、開発し、全国の消防や警察で実際に使われているものなどが多い。商品を聞く限り、軍事への転用が容易で、輸出に際してのハードルも低く、新三原則になる以前から出せそうなものがほとんどだ。

防衛装備庁幹部は、「結局、日本企業の関心は、高度な民生品を海外の武器市場でどこまで売れるかという点に絞られてしまっている」と話す。同幹部は、大手5社の展示会参加の見送りについて、「武器輸出推進のためには、できれば大手に参加してほしかったが、大型の武器輸出は、新三原則になっても依然ハードルは高いという認識を持ったのかもしれない。各社にも経営判断があり、前回のように参加を強くお願いしたわけではない」とため息を漏らした。

防衛装備庁は防衛装備工業会（ＪＡＤＩ）や、日本航空宇宙工業会（ＳＪＡＣ）などを通じ、多くの防衛関連企業に今回の展示会への参加を呼びかけたものの、２０１４年ほどの好意的な反応はなかったという。

クライシスの浅利代表は、「前回に引き続き出展する『ジャパンセル』などの場合は、海外の軍人相手だけでなく、国境警備や消防などで即席で使え、武器の輸出規制にも引っ掛かることがないため、商機に結びつきやすい。日本が世界の防衛市場で、勝負できるかを考えた時、新三原則の前から輸出できたような民生品を、海外の警備や消防、災害、軍事で使ってもらうということしかないのではないか。軍事戦略で使えるような完成形の武器を出すのは、オーストラリアの潜水艦のように高度に政治的な判断が入り、リスクもハードルも高い。新三原則になり、海外の武器市場に、日本が完成形の武器を売り込めるというのは幻想にすぎなかったのではないか」と話す。

戦後、民需優先を進めた日本

日本での防衛省の武器調達の防衛市場は2兆円ほどで、これは全工業生産額250兆円の0・8％だ。国内の大手防衛企業の2013年度の防需依存率をみても、最大手の三菱重工業で9・4％（3165億円）、以下、三菱電機2・9％（1040億円）、川崎重工6・8％（948億円）、NEC2・6％（799億円）、IHI3・3％（483億円）、富士通0・8％（401億円）、コマツ1・5％（294億円）、東芝0・4％（284億円）、日立製作所0・3％（242億円）、ダイキン工業0・8％（149億円）とすべての企業が1割に満たない（『自衛隊装備年鑑』朝雲新聞社など）。

日本の企業の防需依存度は平均して4％と、多くの防衛企業において、防衛事業は主要な収入源にはなっていない（防衛生産・技術基盤研究会最終報告　平成24年6月）。

これは戦後日本が憲法九条を保持するなかで、軍需への依存度を極力減らし、民需に力を注ぐことを、政財界が最優先の課題として進めてきたことが影響している。これにより、防衛企業の売り上げに占める軍需比率は、武器輸出の国策化を進めてきた欧米に比べて著しく少ない。

ユーロサトリへの参加を見送った大手防衛企業幹部は、「軍需への市場を開拓するには、マーケティングも含めてそれなりに投資をする必要があるが、民需を重視してきた会社として、そこまでの人や金を防衛技術の開発や売り込みのために、かけていくという発想はない」と言い切る。

同様に参加を見送った別の大手防衛企業の幹部は、「ユーロサトリでの海外の反応はそれほど良くなかった。会社としては、基本的には、民需の市場で商品を売りたい。高い出展費用を払っても、防衛装備品の場合は、政府の許可が必要で、すぐに商談に結び付けることは厳しい。武器見本市への参戦はそれほど経済的メリットがあるものではない」と話した。

防衛装備庁の本気度にも疑問符が

「武器輸出にかじを切ったものの、企業、防衛装備庁の本気度は今ひとつだ」と語るのは、欧米系の大手防衛企業幹部だ。同幹部は、「具体名は言えないが、例えば、『新三原則になったので、それでは海外の軍事企業と共同開発でこういう武器を作りたい』と日本の企業が防衛装備庁に提案しても、『ちょっと待って…』と難色を示される。重要な案件は国家安全保障会議で審査して決めることになっているが、それは防衛、経産、外務の各省の官僚がお墨付きを与えたものを最後にてんびんにかけるだけの形式的なもの。実際は、防衛装備庁らの現場の職員の判断が重要となる。

しかし、当の防衛装備庁の職員には、『武器輸出推進のために、海外企業との武器の共同開発に許可をどんどん与える』という気概は見られない。結局、防衛省の首脳陣や官邸が、『海外に武器を売れ売れ』とはっぱをかけても、許可を与える実動部隊の官僚からは、『武器輸出を理由に下手に企業に許可を与えて非難や失敗を負うというリスクは取りたくない』という本音が透けてみえる」とし、「結局、防衛企業も防衛装備庁も世論の批判や技術流出への懸念を払拭しきれず、フランスやドイツのように政府も企業も積極的に武器輸出策を展開しきれていない。そんなもやもやした状況が続いているようにみえる」と分析する。

別の欧米系の大手軍事企業幹部は、「日本は、一体なんのために、誰のために武器輸出解禁に踏み切ったのか。オーストラリア政府の『情熱がない』というコメントは、リスクを取りたくない、日本の官僚や防衛企業全体に漂う空気を感じ取ったものではないか」と指摘し、「恐らくそれは、戦後、武器輸出や戦争とはおよそ無縁の世界で企業も政府も活動してきたことの裏返しなのだろう。潜水艦受注が失敗し、防衛装備庁は、その戦略の見なおしを迫られているが、戦略見なおし以前に、なぜ、武器輸出をするのか、現在の日本が武器輸出に踏み切る必要が本当にあるのか。国民はそれを望んでいるのか。その意味や意義をもう一度問い直すべきではないか」と話す。

「防衛技術の強化は、国の抑止力を高める」は、防衛装備庁の幹部が取材で常に繰り返す言葉だ。しかし、世界をみれば、ウクライナやクリミア共和国をはじめ紛争当事国がどれだけ防衛力を強化しても、それが戦争抑止には繋がっていないことは一目瞭然だ。過激派イスラム組織「ＩＳ」の戦闘員らは、自爆して天国に行けると思っているから、周辺諸国がいかに防衛力を強化してもテロがやむことはない。

武器輸出を進めるアメリカやロシアやヨーロッパ諸国が製造してきた武器は、中東やアフリカなど世界各国の紛争地で利用され、世界の混迷は深まる一方だ。北朝鮮は、日本がどれだけ防衛力を強化し武装したとしても、核開発を止めることはないだろう。

となると、政府が言うように、防衛力の強化は、果たして日本の紛争の抑止になると言えるのだろうか。政府は、「防衛力の向上が戦争を防ぐ」という幻想の中で、武器輸出に踏み込みはじめているのではないか。取材で聞こえてきた多くの防衛企業幹部の武器輸出に対する慎重な物言いや、防衛官僚らの言動は、日本が戦後70年、戦争をしない国造りを目指してきたことと無縁ではない。

防衛装備移転三原則を閣議決定し、政府は武器輸出に舵を切った。しかし、将来の世界を担っていく子どもたちのためにも、武器輸出にこのまま突き進むことのない国造りを、私たちはこれから目指していくべきではないのか。

3章
急進展する軍学共同にどう抗するか
問われる科学者の社会的責任

池内　了 *Ikeuchi Satoru*

はじめに―「研究者版経済的徴兵制」

日本において「軍学共同」が急進展している。「軍」である自衛隊を有する防衛省と大学・研究機関（独立行政法人国立研究開発法人）である「学」との間で進められている科学技術の軍事開発に関わる共同研究のことである。共同研究といえば両者が対等のように受け取られるかもしれないが、実際には大学・研究機関の研究者が軍の提供する資金に誘引され、軍事研究に追い込まれ、軍の下請け機関に追い込まれつつあるのが実態である。

それによって学術が軍に従属し、戦争のための科学研究へと堕していくことは明らかであろう。軍事研究とあればその成果が秘密となることは自明であり、成果が自由に発表できないのは研究者にとって自殺行為のようなものだが、研究費の欠乏によってそうせざるを得なくなっているのが実情といえる。しかし、それをあからさまには言わず、後ろめたさを隠すためにデュアルユースであるとか、自衛のためであるとかの言い訳をして、軍事研究を合理化しようとしているのである。

実は第二次世界大戦以来、日本の学術界は軍事研究に携わらないできた歴史がある。近代科学が導入された明治維新以来の富国強兵政策に従い、そして第二次世界大戦での軍事動員を経験してきた学術界は、その研究が国家・軍への奉仕のためであり、世界の平和や人類全体の福利を目指したものではなかったことを反省し、1950年の日本学術会議総会決議で「戦争のための研究には絶対従事しない」ことを誓ったのである。この誓いは、米軍資金導入問題や宇宙開発の軍事化路線などの紆余曲折があるにしろ、基本的には研究者が守るべき規範として機能し、公然と軍学共同が行われることなく戦後70年を過ごしてきた。

しかし、安倍内閣が発足して以来、軍学共同を露骨に推進する政策が打ち出され、具体的な制度として急速に学術の現場に入り込みつつある。それが「安全保障技術研究推進制度」で、研究者個人に軍事開発のための研究資金を提供する制度が発足したのだ。また、科学技術基本計画で「我が国の安全保障の確保に資する技術の研究開発」の推進を謳い、科学技術政策の柱として位置づける方向も示唆されている。これらの背景に安倍政権の軍事化路線があることは言うまでもなく、さらに、力を失っている日本の産業構造を強化するため、「防衛装備移転三原則」を活用して武器輸出を推し進める意図の下、軍の兵器体系の近代化を図るという大きな目的がある。そのため大学や研究機関が有する科学技術の潜在力を軍事開発に活かし、それを通じて武器輸出につなげようというわけだ。

そのように科学技術を軍事協力に動員するために採用されている一つの方策は、大学などの研究者を貧困状態において軍事研究を行なわなければ研究者として生きていけない状態に追い込むことである。私はこれを「研究者版経済的徴兵制」と呼んでいるが、まさに経済的理由によって軍と結びついていく状況が作られているのである。と同時に、政府と軍と産業界は結託して、軍事開発は民生品の開発にとって有効であるというキャンペーンを張り、いかにも基礎研究であるかのような宣伝で、研究者の警戒心を解こうとしている。さらに、近隣敵国からの軍事的危機を煽り立てて国防の必要性を強調して愛国心を鼓舞し、大学および研究機関などの研究者が国に奉仕することを当然とする雰囲気を強めている。しかし、実際は民生目的技術の軍事開発への横取りなのである。

一方、かつて軍事研究を拒否する決議を挙げた日本学術会議は、このような現在進行中の軍学共同に対して何らの行動も起こさず、むしろ大西隆会長の「自衛のためには軍事研究を容認する」との発言が独り歩きする状態であった。しかし、ようやく5月末になって「安全保障と学術に関する検討委員会」が発足して意見を取りまとめることになった。日本学術会議がどのような結論を出すか、厳しく見守っていかねばならない。

このように軍学共同路線が進んでいる一方で、大学関係者や心ある市民からの反対の意思表示が挙がっていることを述べておかねばならない。大学においては、秘密研究を当たり前とする軍事研究が研究現場に入り込むことによる大学の自治や学問の自由への挑戦であり、さらに学生の教育に対する悪影響も甚大なものとなる。市民は当然、軍事研究を専らとする教員に次代の若者の教育は任せられない、人々の幸福と矛盾する軍事研究に勤しむ研究者を信頼できない、と考える。つまり、科学研究や大学教育に対する市民からの信頼が失われていくという、相互信頼による安定した社会を形成するうえで、それを否定する実に深刻な問題が起こる可能性があるのだ。そのような懸念が浸透しつつあるのか、後述するように2016年度の「安全保障技術研究推進制度」への応募数が激減した。市民の健全な意志が反映していると思われる。

本論考は、以上のような軍学共同に関わる論点を、さらに詳しく、また現在進行形として提示するのが目的である。政府・官僚・軍・経済界が一体となって推進しようとする軍学共同に対して抗い、大学・研究機関の学問の自由を守るための一助となれば幸いである。

1 戦後の平和路線とその逸脱

軍事研究と決別——1950年の日本学術会議決議

言うまでもなく、科学者が持つ物質に対する多くの知識とそれを制御し活用する特異な能力は戦争の遂行において欠かせざるものとして、古代から軍事研究に科学者を動員することが当然とされてきた。戦争のための特別のプロジェクトを立てて科学者を総動員するようになった第一次世界大戦においては戦車・潜水艦・航空機・毒ガスなどの開発が行なわれ、第二次世界大戦においては科学者の根こそぎ動員によって原爆・レーダー・高速爆撃機・コンピューターなどが開発された。実際、科学者は国家のための軍事研究に喜んで従事し、軍部の要求を満足させるべく活躍したのであった。このような科学者の軍事研究への動員は、今なお世界中で普通に行なわれている。

しかし、第二次世界大戦後の日本においては、科学者は異なる歩みを採ることとなった。明治以来の富国強兵政策において国家や軍部に奉仕し、第二次世界大戦中の軍事動員において侵略戦争に加担したことを反省した科学者は、1949年に創立された日本学術会議（日本学術研究会議の後身）の創立総会において、

われわれは、これまでわが国の科学者がとりきたった態度について強く反省し、今後は科学が文化国家ないしは平和国家の基礎であるとの確信の下に、わが国の平和的復興と人類の福祉増進のために貢献することを誓う

と宣言した。これまでの科学が国家のための学問研究であり、また軍事研究に積極的に協力して国民のための学術でなかったことへの反省の念が、「これまでわが国の科学者がとりきたった態度について反省し」との文言に込められている。１９４６年に平和憲法が発布されたことを背景にして、学者の国会として新生した日本学術会議においても平和主義の上に立つ学術を打ち出したのであった。

しかし実は、総会討論のなかで、この文言を削除するような意見も出されて会議は紛糾したそうである（坂田昌一）。その理由は、「国家が戦争を始めた以上、国民である科学者がこれに協力するのは当然のことであり、戦争が終わった現在、過去のことを云々するのは却ってよろしくないのではないか」というものであった。ここには愛国心から国策に協力するのは当然のこととされており、過去をきちんと清算する意識も見られない。科学者としての反省がなかった会員も多くいたのである。そのことが垣間見えるのは、１９４９年の日本学術会議第４回総会において、「原子力に対する有効な国際管理の確立要請」の声明が仁科芳雄と荒勝文策によって提案され採択されたことだ。ここでは、

日本学術会議は、平和を熱愛する。原子爆弾の被害を目撃したわれわれ科学者は、国際情勢の現状にかんがみ、原子力に対する有効なる国際管理の確立を要請する

と、世界平和の鍵を握る原爆の国際管理問題を提起しているのはよいが、その提案者の仁科・荒勝の両人は日本の原爆開発の当事者であった。その反省はいったいどこへ行ったのだろうか。

翌年の1950年の第6回総会においては、

われわれは、文化国家の建設者として、はたまた世界平和の使として、再び戦争の惨禍が到来せざるよう切望するとともに、さきの声明（創立総会声明）を実現し、科学者としての節操を守るためにも、戦争を目的とする科学の研究にはこんご絶対に従わないわれわれの固い決意を表明する

との決議を採択している。国会において戦争を放棄した新憲法が採択公布されたのと軌を一にして、科学者の国会である新生した日本学術会議においても戦争のための科学を放棄する宣言を行なったのである。坂田昌一は、この声明は「われわれ日本の科学者の人類に対する義務とさえいえるであろう」と述べている。アメリカでは科学者が（とりわけ物理学者が）戦争を勝利に導くうえで大きな貢献をしたとして、いっそう科学が軍事と結びつ

いていったのとは全く逆の方向の、科学者は軍事と手を切って科学のみの論理に従って研究すべきであると主張したのである。

しかし、同じ1950年には朝鮮戦争が勃発して日本の再武装（警察予備隊の発足）が推進され、それは日本学術会議の議論にまで影響を及ぼした。実際、1951年1月の第8回総会の「日本の再軍備に反対する決議案」、4月の第10回総会の「戦争から科学と人類を守るための決議案」のいずれも議論が紛糾し、決議されないまま日の目を見ることがなかったのである。

また、日本学術会議学問・思想の自由保障委員会が全国の科学者に対して行なったアンケートで、「過去数十年において学問の自由がもっとも実現されていたのはどの時期であったか」という質問項目があった。その回答で最も数が多かったのが「太平洋戦争中であった」で、これは戦争中には科学の軍事動員のために研究費が比較的潤沢に提供されたことの現れと思われる。科学者は研究費の量と研究の自由を等置させているのである。科学者は単純にも、研究費が潤沢に保証されて研究が継続できるなら、たとえ軍からの資金であろうと、それを研究の自由と思い込む存在と言える。

研究費の獲得が第一という弱点を呈しつつも、1950年の総会決議によって日本の学術界は軍事研究を行なわないことを公式に表明し、それは社会の常識として定着してきた。

たとえば、日本を代表する東京大学では、同じ１９５０年に南原繁総長が、

軍事研究には従事しない、外国の軍隊の研究は行わない、軍の援助は受けない

との原則を打ち出し、１９５９年には茅誠司総長が評議会で、

軍事研究はもちろん、軍事研究として疑われる恐れがあるものも一切行わないということは、自主的に、かつ良識のもとに一貫して堅持されており、この考え方をさらに徹底させ、評議会、学部長、研究所長、教授会を通じ、研究室のすみずみまで浸透させることが大切である

と発言している。このような学術界の潔い態度表明は、社会から好感を持って受け取られ、学問への社会的信頼の基礎になってきた。しかし、実は見えないところで社会を裏切るような行為が進行していたのである。

米軍からの資金援助──1967年の日本学術会議決議

1966年になって、思わぬことから隠されていた問題が暴かれることになった。その年に開催された日本物理学会が主催した半導体国際会議に、米陸軍極東研究開発局から資金援助があったことが朝日新聞によってスクープされたのだ。それをマスコミがこぞって取り上げ、その結果、多くの大学・研究所・研究団体が米軍から資金提供を受けていることが判明した。国立大学では東京大学を始めとして14大学43件（一大学で複数学部が供与を受けていた）、公立大学では5大学13件、私立大学では6大学17件であり、北里研究所など民間研究所10件、その他、日本物理学会・日本生理学会・国立療養所3件が含まれている。実に多数の大学・研究機関が米軍の「恩恵」を受けていたのである。それらの事実が明らかにされて、日本物理学会はもとより、国会でも日本学術会議でも激論が交わされた。

当時の日本は高度成長のさなかにあり、学術界の再建や学問的な地位向上など、国際的な存在感を増しつつあったが、学術界の財政要求を十分に満たせている状況ではなかった。特に外国との関係（日本人の外国出張旅費、外国人の日本への招請費、国際会議開催費、外国からのサンプルや器具の輸入費など）においては外貨不足で慢性的予算不足に悩んでいたのである（1ドル360円の時代であった）。そこに米軍が目をつけて資金援助という形で近づき、研究者側は渡りに船とばかり安易に便乗したのである。

「軍の援助は受けない」との原則があるはずの東京大学も例外ではなかった。医学部が米軍からの資金を受け入れていることが暴露され、自衛官の入学問題も絡んで全学で騒動となったのである。そのため1967年に当時の大河内一男総長が評議会で

軍事研究は一切これを行なわない方針であるのみならず、外国をも含めて軍関係者から研究援助を受けないことは本学の一貫した方針である

と発言して事を収めたのであった。東京大学総長としての発言はこれで三度目で、東京大学の節操を疑わせる事態であったと言えよう。

米軍資金問題の火元であった日本物理学会は、1967年に臨時総会を開催して、以下の三つの決議を採択した。


（決議1）半導体国際会議に米軍資金が持ち込まれたことは遺憾とする、

（決議2）同国際会議実行委員会が物理学会に諮ることなく米軍資金の導入を決定したこ

とは重大なあやまりである、

（決議3）日本物理学会は、今後内外を問わず、一切の軍隊からの援助、その他一切の協力関係を持たない。

関係者の処分を行なうとした（決議4）は否決された。外国では、軍が科学研究に資金援助をするのは普通だし、軍関係者との共同研究をしたり学会発表を行なったりするのは当たり前であるという理由で、これらの決議に反対する意見が多く出されたが、やはり軍といかなる関係も持つべきではないとの意見が多数を占めたのであった。

1967年当時、朝永振一郎が会長であった日本学術会議でも議論が行なわれ、

真理の探究のために行われる科学研究の成果が又平和のために奉仕すべきことを常に念頭におき、戦争を目的とする科学の研究は絶対これを行なわないという決意を声明する

という決議が採択された。1950年の声明に引き続く二度目の決意表明であった。軍事研究との関わりについてはこれが日本学術会議の最後の態度表明であり、以後明白な

メッセージを出していない（後述するように、２０１６年６月から再度議論が開始されている）。

日本物理学会の変節――１９９５年の決議

１９７０年代から80年代にかけて、日本の大学予算もそれなりに増加し、外国旅費・招請旅費・国際会議開催費などは不十分ながら、それ以前と比べると充実して外国との交流も活発になった。そうなると、いわゆる「世界標準」という見方が広がる。世界では軍から資金提供を受けて研究する軍学共同が常識であるだけでなく、学会に軍人が出てきて発表したり、軍人と共著の論文を書いたり、大学に軍関係者が研修に来たりすることは当たり前であり、大学や研究者が軍と関係を持つことに何の違和感を持たない。それが「世界標準（あるいは国際慣行）」で、標準を満たさなければいかにも遅れた国であるかのように自他ともに認める雰囲気のことである。西欧の進んだ文明に同化しなければ後進国とみなすという、西欧優先の思想と共通している。

「世界標準」の考え方には、それが正しいと考え同調した方がよい面と、日本には異なった歴史・立場・考え方があり、世界の動向とは異なった独自の方向を進むべき面という、二つの側面がある。基本的人権の無視や人種による人間差別などの前近代的価値観は「世界標準」に合わせて変更されるべきだが、平和主義に基づく軍学共同の拒否（というより軍事力そのものの廃止）のような平和戦略の選択に関しては国ごとの差異があってしかるべきで、「各国が独自に選択する事柄」だろう。やみくもに「世界標準」に従う必要はないのである。

しかし、科学研究の場にこれが持ち出されると、軍からの金であろうと研究成果が上がりさえすればよい（科学の発展が一番大事）、軍人であろうと研究を志す人間に対して差別すべきではない（研究の自由がある）、皆が仲良く学問に励めればよい（博愛主義）、のような意見が卓越するようになる。平和主義というような政治に絡む価値観を持ち込むべきではない、というわけだ。研究の競争がだんだん熾烈になるにつれ、科学のみにしか興味を持たず科学のことしか知らない、成果を上げることしか眼中に入らず社会的な視野をほとんど持たない、そんな科学者が純粋培養されてくる。そうなると科学の「世界標準」がすんなり入り込んでしまうことになる。１９９０年代になって、外国の研究者や機関との交流が広がり、共同研究も盛んになるなかで、軍機関との関係を許容する意見が強くなってきた。そのなかで、再び日本物理学会が問題を提起することになったのである。

日本物理学会では、軍との関係を一切持たないとした（決議３）を学会誌に毎月掲載し、学会が開かれるたびに再確認することが習慣となっていた。しかし、これに違和感を持つ研究者が増えてきたのである。まさに「世界標準」を満たしていない、との意見が公然と挙がるようになったのだ。そのことが総会に替わる委員会総会において議論されて、1995年に（決議3）の規定を緩めて「学会が拒否するのは明白な軍事研究である」と規定し直すこととした。つまり、「明白な軍事研究」以外は許されるとしたのだ。「明白な」という言葉を付けることによって、日本物理学会は事実上軍事研究への門戸を開放してしまったと言える。それとともに、（決議3）の学会誌への掲載を年一回として学会ごとに確認するという慣例を取り止めることになった。その理由は、「軍事研究といえども基礎研究とつながっており、境界を定めることができないから」というもので、まさにデュアルユースが口実となっている。

この決定の根本的な理由は、物理学者の政治的常識の欠如だろう。軍との関係は政治的な問題であり、日本物理学会は純粋に学問の議論をする組織だから、政治的な問題には関与しない、従って軍との関係は不問にする（したい）、という発想が背後にある。ところが、いかなる理由をつけようと、軍と関係を持つことこそが政治的に関与することになるという「常識」に一切考えが及ばないのである。

巧妙になる米軍――直接援助と迂回援助

　1967年に米軍資金問題がマスコミで大きく報道されはしたが、米軍はそのまま簡単に引き下がったわけではなく、また大学や研究機関の研究者の研究費への欲望が消失したわけではない。この両者の利害が一致する限りにおいて、米軍資金の研究現場への流入は途絶えることなく続くと考えた方がいいだろう。事実、軍当局からの直接の資金援助とともに、軍が表には出てこない「迂回援助」という巧妙な形も併用されるようになっている。

　その話題に入る前に、米軍の学界への資金援助の狙いを考えておこう。

　一番の目的は米軍の存在を認知させ、日本に駐留する米軍への拒否感を払拭し、少しでも親近感を醸成することにあるだろう。米軍は独立国である日本に広大な基地を有しており、しかもそこが治外法権であるということは、日米安保条約があるとはいえ、やはり米軍の当局者にとっては居心地が悪いのは確かである。だから日本を軟化させるためのサービスの意味が大きい。事実、米軍からの資金提供なのだが、金は自由に使え、報告は一編のレポートを提出するだけでよく、発表の自由もある、と課せられる条件は実に寛大な場合が多い。そのため研究者側も気楽に応募できる。こうして、米軍が好意を持って迎え入れられることになる。

むろん、それだけに止まらない。テーマ次第で（特に米軍が目をつけたテーマでは）、日本で開発された新技術（アイデア）を利用したり、優秀な科学者を取り込み、協力研究者の人脈作りをしたり、軍事開発の初期投資を節約したりすることも狙いである。学生を協力者として雇用し、将来の協力者へとつなげることも考えている。そのために、常に大学・研究機関・企業で行なわれている民生研究の内容や研究に参加している研究者の情報を収集し、軍事への協力や応用ができそうな対象を見つけ出し、それに援助を申し出るという活動が行なわれている。

そのような軍事開発の芽を見つける活動を主要任務とするのがＤＡＲＰＡ（国防高等研究計画局）である。ＤＡＲＰＡは旧ソ連が人工衛星を世界初で打ち上げた翌年の１９５８年に、急遽アメリカの科学力を底上げする目的で設置された組織で、鵜の目鷹の目で軍事利用できそうな民生研究に探りを入れているのである。有望だと目を付ければ研究者にアプローチし、米軍からの資金援助を誘い水にして軍事研究に引き込むのだ。米軍の研究援助はこのような意図の下で戦略的・組織的に行なわれており、単純にムダ金をばら撒いているわけではないのである。

実際に米軍からどれほどの規模の資金援助がなされているか、明確につかむことは困難だが、マスコミが切り込んで調べて得られたいくつかのデータはある。一つは、朝日新聞による米軍の横田基地を介しての「連邦政府調達実績データベース」の綿密な調査結果（2010年9月27日付）である。それによれば、米軍から大学などへの資金援助契約が200件以上あり、たとえば東京大学が7・5万ドル、東京工業大学が5万ドル、理化学研究所が6万ドルの供与を受けたことが判明している。これは資金源である米軍のデータだが、逆に受領した大学側の受け入れ状況を2015年に共同通信が調査したもう一つの結果（12月7日付東京新聞）では、2000年以降の15年間で、少なくとも12大学・研究機関で総額2億円以上を受け入れていることが明らかになった。このように米軍資金は依然として大学などに直接流入しているのである。ただ、この資金は秘密の軍事研究と関係している場合が多く、判明したものは氷山の一角でしかない。

また米軍は、直接援助だけでなく、「迂回援助」という形を意識的に採用している。軍を大っぴらに表に出さないのだ。米国防総省空軍科学技術局（AFOSR）は、その傘下の空軍という名が一切入らないアメリカ・アジア宇宙航空研究開発事務所（AOARD）を通じて、日本の大学への研究助成・会議開催助成・旅費助成を行なっている。資金元である空軍（AFOSR）は表に出ず、民間団体という顔をしたAOARDが募集や選考を行なうのだ。だから、見かけ上は軍からの資金とはわからないのである。1999年に1件であった研究助成は２００９年には24件にも増加し、助成総額はこの10年で10倍以上になったという（朝日新聞２０１０年9月8日付）。

空軍と同様、海軍は「海軍研究局（ＯＮＲ）グローバル東京」という名の、陸軍は「国際技術センターパシフィック（ＩＴＣ・ＰＡＣ）という名の、それぞれ東京事務所を設置して資金提供を行なっている。陸海空の三軍が揃って援助競争をしているのである。

もっと手の込んだ迂回援助も行なわれている。たとえば、ＯＮＲ（海軍研究局）が資金を提供し、アメリカ国際無人機協会が主催した無人ボート国際大会の『マリタイム・ロボットＸ・チャレンジ』が開催された（東京新聞２０１５年6月3日付）。海のドローン（遠隔操縦無人ボート）の性能を競う大会で、東京大学・東京工業大学・大阪大学の３大学の学生チームがこれに参加し、それぞれが８００万円の開発資金を供与されている。軍（ＯＮＲ）が真のスポンサーだが後ろに控えていて、民間団体（おそらく海軍の天下り組織だろう）が表に出る方式で、典型的な迂回援助である。軍は海のドローン製作のヒントを得るとともに、優秀な学生をリクルートすることを目的としているらしい。軍事関連組織からの資金導入を禁じている東京大学のはずだが、またもや米軍の関与を知りつつ「大会は最先端技術の習得が目的」として学生の参加を認め、「学生の自主性を重んじた」と言い訳するのみである。

おそらく、この無人ボート大会のような、軍がスポンサーなのだが、関連する民間機関に実行を委託するコンテストや研究募集を行なっているケースが多いのではないかと想像される。こうなると、ほとんど私たちには資金のルートがわからないまま、さまざまな催しの軍への依存ばかりが強まっていくことになる。

逆に、軍機関が堂々と表に出てスポンサーとなっているコンテストもある。先に述べたDARPAが主催する「ロボットコンテスト」で、東日本大震災に伴う原発事故を契機にして、2012年から災害対応ロボットや家事ロボットのような（見かけ上は）軍事に関わらないロボコンを始めているのだ。福島事故を契機として災害ロボットを企画するのはさすが機に敏いDARPAだが、むろん軍事にも転用可能なロボット開発に結びつける意図が背景にあることは明らかだろう。最初の大会に東京大学の情報理工学系研究科が参加しようとしたが、軍事研究を行なわないとの研究ガイドブックがあったために研究科としての参加を見送ったという。2014年には経済産業省の肝煎りで東京大学と産業技術総合研究所と東京大学・神戸大学・大阪大学・千葉工業大学の合同の3チームが参加したが、DARPAの主催ではあっても「災害ロボット開発」だから問題はないという判断をしたと思われる。安易な対応ではないだろうか。

最後に、北大西洋条約機構（NATO）が国際会議に対する旅費援助を行なったり、科学に関する国際会議をNATO自身が主催して丸ごと資金の面倒をみたりしている活動について述べておきたい。これらにはNATOには参加していない日本のような国の研究者にも分け隔てなく援助しており、研究者の間の市民権が確立している。たとえば、科学者が平和について議論するパグウォッシュ会議に参加する研究者の旅費が支給されており、もはや誰も違和感を持たなくなっている。援助を受けた科学者がNATOの活動を支持するとまでは言わなくとも、NATOの軍事行動に反対しにくくなるのは当然だろう。まさにそれが、資金提供を続けているNATOの狙いなのである。今後日本の防衛省も見習って、似たようなシステムを考え出すかもしれない。

② 防衛省の戦略

防衛省との「技術交流」——先行する軍学共同

実は、防衛省と大学・研究機関との軍学共同は、既に2004年から開始されていた。具体的な予算として計上されていないので気が付かなかったのだが、よく調べてみると防衛庁時代にアメリカのＤＡＲＰＡ方式を見習って開始していたのである。防衛庁（当時）の技術研究本部は、その任務が「防衛装備品の設計・開発・試作の研究を行なうとともに、それらの技術的調査研究を行なう」とされているように、民生研究の「調査研究」を行なって軍事転用を図ることも重要な目的となっているのだ。それに従って開始されたのが「国内技術交流」で、技術本部が「大学・研究機関等の優れた技術を積極的に導入し、効果的かつ効率的な研究開発の実施」を行なうとしている。防衛庁が研究費を提供して技術開発をするのではなく、「学」セクターである大学・研究機関との相互交流・相互補完を目標として、とりあえず技術情報の交換を行なうというものだ。

過去12年間に協定が結ばれた技術交流事業を（表）にまとめている。２００４年から12年まではせいぜい1～3件であったのだが、２０１３年で5件、２０１４年で11件と急増しており、２０１５年度においては新規は2件のみだが、継続分を合わせると8大学7研究機関で18件になり、さらに２０１６年度においては新規3件を加えて7大学6研究機関で22件もの技術交流が進行中である。

なぜ、近年になって急増したのだろうか。その理由は、防衛省側が予算に関するインセンティブを与えたためではないかと考えている。技術交流のみでは予算措置がなされていない（と思われる）のだが、技術交流が進展し、次のステップとして自衛隊の装置開発計画

防衛省技術研究本部と大学・研究機関との「技術交流」一覧

年度	提携先	協力内容
２００４年	ＪＡＸＡ	三次元・耐熱複合材料技術の技術交換
０５年	ＪＡＸＡ	ヘリコプタの技術情報交換
０６年	国立医薬品食品衛生研究所	大気中微粒子の観測データ解析
０６年	情報処理推進機構＊	情報セキュリティ分野技術情報交換
０７年	ＪＡＸＡ	同じ模型を用いて双方で比較風洞試験
０８年	海上技術安全研究所	多胴船の波浪中船体運動・船体応答に関する技術
０８年	東京消防庁	ソフトウェア無線機を用いた中継
０８年	帯広畜産大学	生物検知試験評価・検知用データベース作成
０９年	帝京平成大学	大気中微粒子の観測データ解析等
２０１０年	東京工業大学	空気圧計測制御の技術情報交換
１１年	東洋大学	疲労度合の調査等
１２年	横浜国立大学＊	無人小型移動体の制御アルゴリズム構築等
１２年	慶應義塾大学	圧縮性を考慮したキャビテーション現象に係るデータ取得及び数値解析技術の構築
１２年	情報通信研究機構	高分解能映像データ（合成開口データ）に関する技術交換等
１３年	情報通信研究機構	海洋レーダー関連技術
１３年	理化学研究所	中赤外電子波長可変レーザーによる遠隔検知
１３年	ＪＡＸＡ	赤外線センサ技術等

１３年	九州大学＊	爆薬検知技術／海洋レーダを用いた海洋観測
１３年	水産工学研究所	水中音響信号処理技術
１４年	帝京平成大学＊	爆薬検知技術
１４年	千葉工業大学＊	3次元地図構築技術及び過酷環境下での移動体技術（ロボット技術分野）
１４年	情報通信研究機構＊	高分解能映像レーダ（合成開口レーダ）に関する技術情報交換等 サイバーセキュリティ及びネットワーク仮想化に関する技術情報交換等 海洋レーダの技術情報交換
１４年	海洋研究開発機構＊	自律型水中無人探査機分野 無人航走体及び水中音響分野
１４年	ＪＡＸＡ＊	ヘリコプタの技術情報交換 赤外線センサの技術情報交換 滞空型無人航空機技術の技術情報交換
１４年	千葉大学＊	大型車両用エンジン技術の技術情報交換等
１４年	電力中研及び東京工業大学＊	レーザーを用いた遠隔・非接触計測技術の技術情報交換等
１５年	金沢工業大学＊	水中無人車両の計測技術の技術情報交換等 ＩＥＤ（Improvised Explosive Device）対処技術の技術情報交換等
１５年	ＪＡＸＡ＊	人間工学技術の技術情報交換
１６年	ＪＡＸＡ＊	先進光学衛星に搭載される衛星搭載型2波長赤外線センサに関する研究協力 極超音波飛行技術の技術情報交換等
１６年	警察庁＊	耐弾時人員衝撃評価技術の技術情報交換

（＊印は２０１６年度も継続）

に組み入れられたら、防衛予算が組まれ大口の資金が交流相手の大学や研究機関に流れ込む可能性があるというわけである。

現に、航空宇宙開発研究機構（JAXA）と情報通信機構（NICT）は、2015年度の防衛省の実行予算として書き込まれており、その「恩恵」を受けるという実績が積まれている。防衛予算とあれば、いくら少なくても数億円の予算措置はあり、その一部が来るだけでも大学・研究機関が潤うことは確実であるからだ。たとえば、JAXAが請け負った「赤外線センサの技術情報交換」は、2015年度予算では48億円も計上されており（5年の長期計画のようである）、その10分の1でもJAXAにとっては大きな資金源となる。この「赤外線センサ」は、宇宙基本計画において早期警戒衛星のための研究計画に組み込まれており、JAXAにとっては軍学共同の成功例（ドル箱）とされているかもしれない。JAXAは2015年に3件、2016年に3件で計6件と新たに協力協定を結び直しており、宇宙の軍事化に本格的に取り込まれていることが露骨に見えてきたと言える。

今後、技術交流が「進化」して防衛省予算として計上され本格的開発が行なわれる可能性があるのは、海洋研究開発機構（JAMSTEC）の水中無人機ではないだろうか。JAMSTECの設置目的には「平和と福祉の理念追究のため」と書かれており、海洋技術研究センターから海洋研究開発機構へと衣替えしたときには「軍事目的の研究開発は全く考えていない」と科学技術庁長官の答弁があるのだから、本来、軍事研究とは無縁のはずである。しかし、海洋情報探査（MDA）の重要性が強調されるようになって、無人潜水艦や無人魚雷、無人水中偵察機など海のドローン開発が注目されており、防衛省とJAMSTECの結びつきが強くなっているのだ。

技術交流を通じて大学・研究機関との結びつきを強化し、その「成果」を基にして本格的な軍事技術開発で防衛体制に組み込んでいく、それが防衛省の軍学共同の一つの戦略なのである。

実際、後に述べる「安全保障技術研究推進制度」が2015年度から発足したが、そこで採択された9件の課題のうち4件（大学として東京工業大学、研究機関として理化学研究所・JAXA・JAMSTEC）までが国内技術交流を行なっている（きた）大学・研究機関からの提案である。互いに実情を知っていることが有効に働いたと考えざるを得ない。いわばインサイダー取引で、それを可能にしているのが技術交流なのである。このことがわかると、今後さらに技術交流に参加したいと手を挙げる大学・研究機関が増えるのではないだろうか。

技術交流の協定書は、防衛省技術研究本部長（2015年10月より、防衛装備庁技術開発課長）と大学の学長や研究機関の理事長との間で取り交わされる。その意味では組織間協定であり、大学や研究機関が組織全体として連帯責任を負うことが義務付けられている。このことも含め、徹底して防衛省ペースで協定書が作成されていることに注意する必要がある。その一例として、協定書の「研究成果の発表」の第11条を取り上げてみよう。そこには、

研究協力の成果を外部に発表しようとする場合には、発表の内容、時期等について、他の当事者の書面による承認を得るものとする

と書かれているのだ。予算を伴わない単なる技術交流であるにもかかわらず、成果を外部に発表するためには「他の当事者の書面による承認」を必要としており、発表の自由が大きく制限される危険性は明らかである。むろん、成果を秘密にしたがるのは防衛省だから、研究発表を防衛省の強い管理下におこうとする意欲が露骨に見える。

最近の協定書には、わざわざ、

ただし、甲又は乙は、正当な理由なくその承諾を拒んではならないものとする

との一文が付け加えられている。おそらく、防衛省が明白な理由を示すことなく成果発表を拒否することを恐れて、大学側がこの文言を付け加えることを求めたのだろうと推測される。しかし、実際にこの文言が有効に機能するかどうかは保証の限りではない。いざという場合には、防衛省は「特定秘密保護法」を持ち出せばよいからである。

２０１５年10月に防衛装備庁が発足してから、従来の技術本部のＨＰにこれまでオープンに出されていた「国内研究協力一覧表」が掲載されなくなり、２〜３の例を示すだけとなってしまった。防衛省は、こんなに多くの研究交流を行なっていると宣伝したいはずなのに制限してしまったのは、公開されては困るとのクレームが大学・研究機関から出されたのかもしれない。いずれにしろ、防衛装備庁になってから、情報公開の姿勢が後退しているのは事実である。

安倍内閣の3つの閣議決定──デュアルユースの活用

２０１２年12月に第二次安倍政権が発足して以来、２０１４年の集団的自衛権の行使容認や２０１５年の安全保障関連法（いわゆる戦争法）の制定など露骨な軍事化路線を推進しているが、軍学共同も例外ではない。具体的には、２０１３年12月17日になされた３件の閣議決定―「国家安全保障戦略について」、「平成二六年度以降に係る防衛計画の大綱について」、「中期防衛力整備計画（平成二六年度～平成三〇年度）について」―が、こぞって軍学共同路線を明確に打ち出しており、これによって実際に軍学共同が急進展しているのである。以下では、軍学共同に関して、これら3件に共通して書かれている方針についてまとめておこう。閣議決定した基本方針を政策化し、路線として定着させようとしているからだ。

まず第1点は、「防衛生産・技術基盤戦略」と呼んで、デュアルユースを活用することを明確に謳ったことである。この閣議決定が「デュアルユース」という言葉が政治用語に入ってきた最初であると思われるが、あらゆる技術が民生にも軍事にも使われることに目をつけ、その区別ができないことを理由に軍事のための技術開発を積極的に進めるよう勧告しているのである。これを防衛省が具体化して正式に2014年6月に発表したのが「防衛省防衛生産・技術基盤戦略」であり、その具体的な方策については次節に述べるが、実にきめ細かく、いかにしてデュアルユース技術を取り込んでいくかを検討していることに注意する必要がある。

第2点は、「軍学共同の本格的推進」を打ち出したことで、「防衛計画の大綱」では、

大学や研究機関との連携の充実により、防衛にも応用可能な民生技術（デュアルユース技術）の積極的な活用に努める

と書かれている。内閣の方針として大学・研究機関を軍学共同路線に引き入れることを宣言したと考えることができる。これを受けて、防衛省は競争的資金を研究者個人に提供して軍事研究への参画を促すための「安全保障技術研究推進制度」を、予算3億円で2015年4月から発足させた。この詳細については「安全保障技術研究推進制度—軍学共同の本格展開」の項で後述するが、2016年度には予算は6億円に倍増しており、防衛省は研究者に食い込もうと必死である。

第3点は、「軍産複合体の形成と武器輸出の本格的推進」を狙った長期計画で、国内外の技術協力を通じて防衛装備品開発の共同研究・共同生産を進めていこうという提言である。これを受けて、2014年4月に閣議決定で「武器輸出三原則」が「防衛装備移転三原則」に変質させられ、武器輸出への道を拓いたのである。ちなみに、「防衛装備品」は新たな三原則でははっきりと「武器または武器に関わる技術」と定義されていることを忘れてはならない。

日本の製造業は基本的には平和産業として活躍し、日本を世界第2位の経済大国になる

まで戦争に関係しない健全な経営を行なってきた。しかし、21世紀に入る頃から基本的にはイノベーションに欠けて（中国の台頭もあるが）国際競争力の衰えが囁かれるようになった。このような事態には、じっくり時間をかけて技術革新を行なって新製品を開発するという方針を掲げて立て直しを図るべきであった。ところが、逆に浮足立って短時間で儲けが出るものに走り、むしろ競争力を削ぐことになってしまった。コンピューターメモリーや液晶などがその典型で、いったん世界をリードしても、すぐに技術に堪能で賃金が安い韓国・中国・台湾などに追い抜かれてしまったのだ。こうして打つ手がなくなって、経済界も率先して武器生産・武器輸出で日本経済を活性化させようとの圧力をかけるようになったというのが実情だろう。しかし、武器で商売しようとすれば必ず戦争を待望するようになってしまう。こうして好戦的軍事国家になっていくのである。

オーストラリアの潜水艦の受注をフランス・ドイツと競っていたが、結局、フランスに負けてしまった。オーストラリアは、中国を刺激することを懸念して日本と契約することを避けたと言われるが、もう一つの理由は、日本の防衛装備品は完成度が不十分な割には値段が高いためであるらしい。その欠点を克服して武器輸出国としてのし上がっていくためには、国からの相当の援助と優遇措置を必要とする。つまり、軍需産業（そして軍産複合体）として国に寄生しようとしているのである。現実に、毎年1兆円を超える自衛隊からの軍需産業への注文は、軍産複合体が既に存在していることを示しているが、さらに武器輸出国となっていくことを財界筋は望んでいるのだ。いよいよ日本が「死の商人」国家になっていくのだろうか。

防衛省の防衛生産・技術戦略――研究者攻略法

２０１４年６月に発表された防衛省の「防衛生産・技術戦略」は、閣議決定で出された三つの基本方針を防衛省として具体的戦略として提示したもので、その副題として「防衛力と積極的平和主義を支える基盤の強化に向けて」が掲げられている。「国家安全保障戦略」で打ち出された、軍事力を行使して異論を抑え込むことによって「平和」を構築するという「積極的平和主義」が柱になっているのだ。

この「戦略」において、軍学共同に関わる「研究開発に係る施策」が打ち出されており、そこでは次の６項目が目標として掲げられている。

① 研究開発ビジョンの策定

② 民生先進技術も含めた技術調査能力の向上

③ 大学や研究機関との連携強化
④ デュアルユース技術を含む研究開発プログラムとの連携
⑤ 防衛用途として将来有望な先進的な研究に関するファンディング
⑥ 海外との連携強化

②では、DARPAを見習って民生技術開発の調査を意識的に行ない、軍事への転用を図ることを強調し、そのために、③の大学・研究機関との連携（つまり軍学共同）を積極的に進めるとしている。④では、総合科学技術会議が行なっているハイリスク・ハイリターンな挑戦的研究開発と称する「革新的研究開発推進プログラム（ImPACT）」を注視するとしている。このプログラムの募集には「DARPAを参考にする」と書かれており、当然軍事への応用を念頭においた技術開発なのである。国を挙げて軍事開発の下準備のための資金を提供しようというわけだ。

⑤のファンディング制度とは、防衛省が2014年に概算要求をして翌年から発足した「安全保障技術研究推進制度」のことである。そして⑥は、日本の優れた民生技術を防衛装備品開発のために応用する中で、海外との武器開発の共同研究を進めようとの提言である。いずれも上記3件の閣議決定事項の内容を、さらに具体的に書いているもので、防衛

省内部向けに方針を明示することが主目的である。

防衛省内部では防衛生産・技術基盤研究会を開催しており、そこでは「外部研究機関との連携マネージメント」なるものが議論されている。外部研究者と接する際において心がけておくべき要点をまとめたもので、連携の進行段階を、①共同研究協定締結まで、②試作実施時・共同研究実施時、③所内研究実施時、④実施中・実施後のフォローの4段階のフェーズに分け、連携を成功させるための心構え・進め方・後始末についてのきめ細かいマニュアルとなっている。実に用意周到なのである。

特に重要なのが①のフェーズで、(1)「先生（大学・研究機関の研究者のこと）のモチベーションの見分け」で研究者の興味を把握し、それに従って(2)「先生とのギブアンドテイク」を考え、(3)「大学の管理・連携部門との対処」方針を示し、(4)「共同研究を進める上での注意点」を述べている。特に(3)の機関との対処では、協定の書式は防衛省が用意するもので進めよとあり、防衛省がイニシアティブを取るべきことを強く念押ししている。「国内技術交流」の協定書でもそうしているように、施設の利用・成果の公開・知的財産・予算などに関連する項目は防衛省ペースで進めることを当然としているのである。

以上のように、外部研究者との連携について防衛省は詳細にわたって検討し、戦略としてマニュアル化し、省全体が一致した対応をとるよう意思統一を図っている。さすが軍隊組織と言うべきだろう。これに対し大学や研究機関の研究者は完全に無防備であり、軍事研究を行なうという覚悟も曖昧なままである。その結果、研究者は防衛省に体よく利用され、研究者としての人生を棒に振ってしまうことになるのではないだろうか。

安全保障技術研究推進制度の発足 ― 軍学共同の本格展開

さて、いよいよ大学や研究機関の研究者を軍事研究に引き入れるために防衛省が本腰を入れて推進しようというのが「安全保障技術研究推進制度」である。２０１５年に総額３億円、１件当たり年間３０００万円程度の競争的資金制度で発足し、２０１６年には総額を６億円に倍増し、Ａタイプ年間３０００万円上限、Ｂタイプ年間１０００万円上限と２種類に拡大した。小口の応募も可能になるよう配慮したのだ。

この制度の段取りは、

① 防衛省が提示する研究テーマ（２０１５年は28テーマ、２０１６年は20テーマ）について公募し、
② 研究者側が応募し、
③ 採択された課題について機関に研究が委託され（つまり研究の受託は機関）、

④ 研究期間の終了まで防衛省所属のＰＯ（プログラム・オフィサー）が研究の進捗状況や予算執行状況を管理する、

ということになっている。個々の研究者ではなく、研究機関が受託し、書類作製・予算執行の責任も機関が負い、ＰＯがチェックするという方式で、研究者の自由な予算執行をさせなくしているように見える。通常の産学共同より厳しい管理体制となっているのである。

この点を除けば、防衛省は一見するといかにも「低姿勢」で対応しようとしていることが伺える。おそらく、まだ募集を開始したばかりで、研究者が警戒心を持って応募を控えるようになっては元も子もないから、研究者の興味を惹き、安心して応募してくれるよう、気を遣った書き方にしているのだろう。しかし、とにかく軍事技術の開発にかかわる公募なのだから、言葉の裏に隠された防衛省の本音はどこにあるか、曖昧なまま放っておいて紛争が起こりそうなのはどんな点か、など書類を見ながら検討しておくに越したことはない。いくつかの注意点をまとめておこう。

まず「公募要領」冒頭の「制度の趣旨」の部分で、

防衛装備品そのものの研究開発ではなく、将来の装備品に適用できる可能性のある

（２０１６年版では、さらに「萌芽的な」という形容詞まで付いている）基礎技術を想定しています

と書かれている。基礎研究であることを強調しているのだ。ところが、２０１５年版では（別紙３）として付けられた募集する研究テーマ一覧表の冒頭に、①既存の防衛装備の能力を飛躍的に向上させる技術、②新しい概念の防衛装備の創製につながるような革新的技術、③注目されている先端技術の防衛分野への応用、という３条件が記載されていた。これはまさに「防衛装備品そのものの研究」を意味しており、冒頭の「防衛装備品の研究開発ではなく」の文章と明らかに矛盾している。おそらく、「防衛装備品そのものの研究」が本音なのだろうけれど、そのまま受け取られるとまずいと考えたのだろう。

そこで２０１６年版ではこの３条件を削り、基礎研究そして民生への利用を重視していることをわざわざ強調する文章を付け加えている。それも含めて、２０１６年版では防衛装備品という文言を少なくし、やたらに基礎開発であることを強調する文章が目につく。「衣の下の鎧」のようなもので、建前と本音がずれていることを隠そうと必死なのである。

しかし、そもそもこの制度を発足させるときに作成してＰＲに使われたパンフレットには、「得られた成果（デュアルユース技術）」とし、「将来装備に向けた研究開発で活用（防衛

省）」として、「我が国の防衛」、「災害派遣」、「国際平和協力活動」が示されていることを忘れてはならない。ポンチ絵に描かれているように、災害対策の他に戦闘への実戦配備を想定しており、まさに装備品（武器および武器に関連する技術）そのものの開発を目指しているのである。他方、デュアルユース技術のもう一方である「民生分野で活用（委託先）」には何も解説らしきものは添えられず、部品などの製品のポンチ絵が示されているのみである。民生分野にも利用できるとは謳うものの、結局それは委託先の大学などの役割であり、防衛省は別段それに力を注ぐわけではないのだ。ここにも建前と本音との差が見えるではないか。

つまり、防衛省は大学・研究機関・企業で開発されている民生目的の技術を、軍事開発のために横取りしようとしているのである。まさに、「防衛にも応用できる民生技術（デュアルユース技術）の積極的な（軍の装備開発の）活用に」に努めるというわけだ。

もう一つ「低姿勢」なのは、「成果の公開」に関する記述である。以下に見るように、防衛省は成果の公開に対して、本音は思いどおりコントロールしたい（検閲したい、掌握したい）のだが、鷹揚であるかのように見せねばそっぽを向かれるので、その表現に対して随分苦労していることが透けて見える。２０１５年版と２０１６年版を対比しておこう。防衛省の「気遣い」を見るため、微妙な文言の変化も読み取っていただければと思う。

「公開が原則」から、それを後退させた「公開が可能」に変えているのだが、それも項目によって「原則」と「可能」を使い分けているのに注意が必要である。また、２０１６年版では、事前あるいは研究実施中の公開に関しては、「お互いに確認する」から「届けて頂く」「通知して頂く」と、ずいぶんソフトな表現に変えていることに気づかれるだろう。

　おそらくこの部分では、防衛省として事前に「確認」するとしたいのが本音なのだが、その表現にクレームがついたのだろう。何しろ「確認」となれば、防衛省が微に入り細に入り点検し、内容についていちいち厳格に判断して確かに認定するとの意味が含まれるか

	２０１５年版	２０１６年版
制度の趣旨	成果の公開を原則としており	成果の公開を原則としており
本制度のポイント	外部への公開が可能です 事前に公開する場合、公開して差し支えないことをお互いに確認する	成果の公開を原則とします 事前に公開する場合、防衛装備庁に届けて頂く
実施後の公開の手続き	外部への公開が可能です 実施期間中の場合の公開は内容についてお互いに確認する	外部への公開が可能です 実施期間中の場合の公開は内容について事前に通知して頂く

らだ。そこで言葉を和らげて「届ける」あるいは「通知する」ということに変更したのだと思われる。しかし、内容のどこまでを「届け」たり「通知し」たりすればいいのか、それに対して防衛省はどのように対応するのか、については何も記載されていないから研究者側が斟酌しなければならず、結局「確認」と同じレベルとなってしまう恐れが大である。

つまり、成果の公開が完全に自由にできず、公開しようと思えば必ず防衛省に「届け」あるいは「通知」して「同意」なり「承諾」なり「チェック」なりを得なければならないことを意味する。さらに、「原則とする」とあれば、誰が、どのように「原則」を定めるのか、それを防衛省が一方的に定めるのか、という疑問も湧いてくる。また、「公開が可能です」という文言は、条件次第では「不可能」となる場合もあることを言外に含んでいることにも注意しなければならない。軍事技術に関わる研究なのだから、秘密にしなければならない部分があるのは当然なのだが、防衛省はあたかもそんなことは一切ないかのように曖昧に書こうとしているのである。だからこそ、私たちは言葉遣いに敏感になって、防衛省の本音や隠された意図を使われた言葉や行間から読み取らねばならない。

安全保障技術研究推進制度の推移―発足2年間の応募と採択

この制度の第1回目の2015年度の応募総数は109件で採択は9件と競争率が10倍以上で、軍である防衛省からの資金を得たいと望む研究者が意外に多いと痛感した。これは「研究者の言い訳―「愛国心」とデュアルユースと自衛隊」の項で後述するように、研究者側での研究資金の不足故に、止むに止まれぬ状況で応募した人が多かったのではないかと推測している。

他方、これまでになかった軍のファンディング制度であり、それに応ずべきかどうか迷って様子見を決め込んだ大学や研究者も多かったと思われる。

採択された研究者の所属を見ると、既に述べたように技術交流を行なっている4つの機関の研究者の提案が採択されていて、明らかに防衛省と親密な関係を結んでいる機関が優先されている。さらに付け加えれば、豊橋技術科学大学の大西隆学長は日本学術会議の会長であり、日本学術会議へのメッセージが暗黙に発せられていると解釈すべきだろう。

共同通信が事前に行なったアンケート調査では、採択されていないが産業技術総合研究所・東京農工大学・鹿児島大学・大阪市立大学・千葉工業大学・関西大学・愛知工業大学などが応募したことを認めており、その理由の主なものは「防衛目的である」というものであった。これに対する批判は次節で述べる。

一方、この制度への応募の可否が学内で議論され、新潟大学では「軍事に関わる研究には関与しない」という行動規範を採択しており、東北大学では応募への審査を強める内規を作っている。広島大学では大学の方針として応募しないことを決定しており、東京大学・早稲田大学・立命館大学では大学憲章や行動規範で軍学共同には踏み込まない条項を持っている。このような軍学共同を拒否して健全さを保とうとしている大学も存在しており、今後このような大学が増えていくことを期待している。

第2回目の2016年度の採択結果が7月29日に発表された。制度発足2年目で、研究者にかなり浸透して初年度以上の応募があるかと懸念していたのだが、案に相違して応募総数は44件と昨年の半分以下に減った。これは私たちの軍学共同反対の運動とともに、マスコミがかなり批判的に報道してきたため、二の足を踏んだ研究者が多かったのではないかと思っている。言い換えれば、きちんと問題点を指摘して市民に伝えて監視すれば、研究者も自分たちだけの論理で進められるものではないことを学んだのではないだろうか。

防衛省は、募集テーマが昨年は28件であったのを今年は20件に絞ったために、応募者も減ったのだろうと（表向きは）解釈しているが、それではこれほど減少したことの説明はつかない。研究者が敬遠した（そっぽを向いた）のは明らかだろう。

採択数は10件で（大学5件、公的研究機関2件、企業など3件）で、昨年度採択分が全て継続となったため、予算の制約からこの件数になったのだろうと推測できるが、今年度にはわざわざAタイプ・Bタイプの2つの研究経費枠を作ったのだから、防衛省としては応募が増加すると期待したに違いないが、そうはならなかったのだ。そのこともあってか、結果の発表でもA、Bタイプの区分けをしていない。

２０１５年度と２０１６年度の採択結果を表にまとめている。

注目されるのは、

①北海道大学からの応募者が採択されたことで、おそらく旧帝大系からの応募であることを尊重し、今後の（呼び水）ために優先的に採択したのではないだろうか、

②昨年は、技術交流を行なっている（きた）大学や公的研究機関が4件もあったが、今年はそれがない。応募者と評価委員（審査委員）が同じ機関に属するのが、昨年は3件（ＪＡＸＡ、東工大、神奈川工大）あったのだが、今年は4件（物質・材料研究機構2件、東京理科大関係2件）となっている。評価委員と応募者が同じ所属の場合は、「当該研究課題の審査から除外されます」と公募要領には書かれているはずだが、

2015年度採択課題（9件）

研究代表者	所属機関	研究課題名
田中拓男	理化学研究所	ダークメタマテリアルを用いた等方的広帯域光吸収体
中村哲一	富士通	ヘテロ構造最適化による高周波デバイスの高出力化
永尾陽典	神奈川工科大学	構造軽量化を目指した接着部の信頼性および強度向上に関する研究
田口秀之	JAXA	極超音速複合サイクルエンジンの概念設計と極超音速推進性能の実験的検証
小柳芳雄	パナソニック	海中ワイヤレス電力伝送技術開発
澤　隆雄	JAMSTEC	光電子増倍管を用いた適応型水中光無線通信の研究
島田政信	東京電機大学	無人機搭載 SAR のリピートパスインターフェロメトリ MTI に係る研究
加藤　亮	豊橋技術科学大学	超高吸着性ポリマーナノファイバー有害ガス吸着シートの開発
吉川邦夫	東京工業大学	可搬式超小型バイオマスガス化発電システムの開発

2016年度採択課題（10件）

藤田雅之	レーザー技術総研	ゼロフォノンライン励起新型高出力 Yb:YAG セラミックレーザ
山田裕介	大阪市立大学	吸着能と加水分解反応に対する触媒活性を持つ多孔性ナノ粒子集合体
飯田　努	東京理科大	軽量かつ環境低負荷な熱電材料によるフェイルセーフ熱電池の開発
長田　実	物質・材料研究機構	酸化物原子膜を利用した電波特性の制御とクローキング技術への応用
山口　功	日本電気	海中での長距離・大容量伝送が可能な小型・広帯域海中アンテナの研究
遠山茂樹	東京農工大	超多自由度メッシュロボットによる触覚／力覚提示
内藤昌信	物質・材料研究機構	海棲生物の高速泳動に倣う水中移動体の高速化バブルコーティング
村井祐一	北海道大学	マイクロバブルの乱流境界層中への混入による摩擦抵抗の低減
吉村敏彦	山口東京理科大	超高温高圧キャビテーション処理による耐クラック性能・耐腐食性の向上
荻村晃示	三菱重工業	LMD（Laser Metal Deposition）方式による傾斜機能材料の3D 造形技術の研究

やはり影響はあったと見ることができるのではないか、である。今後、課題が採択された大学・研究機関などへの抗議行動を行なっていくことを考えている。

3 研究者として

東大情報理工学系研究科のガイドブック改訂 ― 東大学長の見解

2015年1月に東京大学情報理工学系研究科の「科学研究ガイドライン」改定問題が浮上した。以前のガイドラインでは「不適切な研究」として、人間や社会に害をなす研究、許可されていない人間・動物対象の研究、法令違反の研究、利益相反の研究の4つを挙げたうえに、

さらに東京大学では軍事研究も禁止されています。

東京大学では、第二次世界大戦およびそれ以前の不幸な歴史に鑑み、一切の例外な

く、軍事研究を禁止しています。

と、曖昧さなく明快に軍事研究に携わることを禁じていた。

ところが、２０１４年12月に突然このガイドラインを大幅に改訂し、軍事研究という言葉を一切使わず、「学問研究の両義性」の項目を立てて、以下のような文言としたのである。

本学歴代総長の評議会などでの発言に従い、本研究科でも、成果が非公開となる機密性の高い軍事を目的とする研究は行わないことにしています。（中略）

なお、多くの研究には。軍事利用・平和利用の両義性があります。本学では、個々の研究者の良識のもと、学問研究の両義性を深く意識しながら、個々の研究を進めることを方針としています。

ここでは「成果の非公開」となる軍事研究のみを禁止していることと、両義性をいやに強調していることが目につく。おそらく、この改訂の直接の目的には、米軍傘下のＤＡＲＰＡ主催のロボコンに研究科として参加できるようガイドラインを改めることがあったためだろう。ロボット利用の両義性に関して注意を払いつつも、このコンテストは公開されていることに着目して、このような文言としたに違いない。ここで書かれた方針に対していくつもの疑問点や問題点を指摘できるが、それは省略して、これに対して出された東大総長の「所感」について議論しておこう。

ガイドラインの改訂が1月16日にマスコミで報道されるや、当時の浜田純一東大総長が間髪を置かず同日に「東京大学における軍事研究の禁止について」と題する「おしらせ」を出した。まず、

学術における軍事研究の禁止は、政府見解にも示されているような第二次世界大戦の惨禍への反省を踏まえて、東京大学の評議会での総長発言を通じて引き継がれてきた、東京大学の教育研究のもっとも重要な基本原則の一つである。（中略）軍事研究がそうした開かれた自由な知の交流の障害となることは回避されるべきである。

と述べているのはそれなりに評価される。大学の使命と軍事研究は矛盾することを指摘しているからだ。

ところが、後半部で両義性に関する議論を展開し始めるや、途端に歯切れが悪くなる。やはり本音と建て前がすれ違っているためだろう。

軍事研究の意味合いは曖昧であり、防御目的であれば許容されるべきであるという考え方や、攻撃目的と防御目的との区別は困難であるとの考え方もありうる。また、過去の評議会での議論でも出されているように、学問研究はその扱い方によって平和目的にも軍事目的にも利用される可能性（両義性：デュアルユース）が本質的に存在する。

ここで言いたいことの本音は、防御目的であれば軍事研究も許されるとか、防御目的と攻撃目的は区別できないとして、また学問はデュアルユースだからとして、一概に軍事研究は否定できないという点だろう。しかし、それを露骨に言えないから、真綿に針をつつんだような口ごもった言い方となっているのだ。

最後の段落で、

このような状況を考慮すれば、東京大学における軍事研究禁止の原則について一般的に論じるだけでなく、（中略）研究成果の公開性が大学の根幹をなすことを踏まえつつ、具体的な個々の場面での適切なデュアルユースのあり方を丁寧に議論し対応して

いくことが必要であると考える

と長々と公開性やデュアルユースについて言及しているが、要するに軍事研究禁止の原則を考え直そうとの本音が垣間見える。総長がこのような曖昧な態度であるがために、米軍資金の導入を行ない、無人ボートやロボコンへの参加がフリーパスとなっており、軍事研究が徐々に実質的に解禁されるようになっているのではないだろうか。

日本学術会議の動向——ようやく議論を開始したのだが

1950年と1967年に日本学術会議は「軍事研究には絶対に従事しない」との決議を挙げたのだが、現在の軍学共同の急進展状況について何ら行動を起こそうとしなかった。それどころか、大西隆日本学術会議会長が、「これまでの二つの決議は堅守するが、この決議が出された当時から環境条件は変化しており、自衛のための軍事研究は許容される」との個人意見をマスコミで公表し、この意見が独り歩きするような状況であった。

私は、彼に対して「軍学共同に対する日本学術会議としての態度を明らかにするため、広く意見を募るためのシンポジウムなどを企画するべき」との意見を2014年8月に具申したが、右のような見解を示されて無視されてしまった。

しかし、日本学術会議として２０１５年秋と２０１６年春の総会で議論になったそうで、結局２０１６年5月20日になって「安全保障と学術に関する検討委員会」を設置することになり、ようやく正式に議論を開始することになった。この委員会の審議事項として、

①１９５０年及び１９６７年決議以降の条件変化をどうとらえるか
②軍事的利用と民生的利用、及びデュアルユース問題について
③安全保障にかかわる研究が、学術の公開性・透明性に及ぼす影響
④安全保障にかかわる研究資金の導入が学術研究全般に及ぼす影響
⑤研究適切性の判断は個々の科学者に委ねられるか、機関等に委ねられるか

の5点である。大西会長の提案であるだけに、彼がどの方向に議論を進めたいと思っているか予測できそうである。

ここでは、①の論点のみについて論じておこう。大西会長は「１９６７年の決議は米軍資金問題があって１９５０年の決議を再確認したものであり、１９５０年の決議は日本がまだ非武装の時代に出された決議である。その後、専守防衛となって自衛することが国是となったのだから（環境条件が変化したのだから）、自衛のための軍事力は認められ、従って自衛のための軍事研究も許容される」という議論を展開している。これに対し、二つの点

で反論しておく。

一つは、「自衛（あるいは防衛）のため」という議論への反論である。軍事力に頼る体制においては攻撃力と防衛力はセットであり、一方が強化されると必ず他方も強化されることは自明だろう。攻撃力が防衛力を上回れば、今度は防衛力は攻撃力を上回ろうとする。そうならねば意味がないからだ。その結果、軍事力は限りなく拡大（エスカレート）することは歴史が証明している。

そのことは、「自衛権」を持ち出す日本政府の立場が、「核兵器の保有・使用は憲法の範囲内では許される」（2016年3月18日横畠内閣法制局長官の参議院での発言、4月1日閣議決定）ということになってしまったことでも明らかだろう。防衛目的だから構わないと安易に考えると、自衛にも限界はなく、核抑止論に陥ってしまうのである。結局、核兵器に依存し、最後には核戦争に加担していくということになりかねないのだ。

もう一つの点は、「時代の環境条件が変化した」と大西会長は言うが、「なぜ学術の世界が時代の寸法の変化に合わせねばならないのか」という点である。学術の世界には、学問の自由と独立性、成果の公開・発表の自由、学術の場の民主制（権威主義の排除）、国際主義、人々の幸福のための研究など、「学術の原点」ともいうべき原則があり、軍事に加担しないことも重要な原則である。

これら原則はいかなる政府の下にあっても、またどのような政治状況になっても変わることなく遵守されねばならない。学術の原点は時代とともにコロコロと変わってはならないのだ。大西会長の論はそれを放棄して体制にすり寄っていくものでしかない。

研究者の言い訳 ―「愛国心」とデュアルユースと自衛論

他方、現場の研究者たる大学教員や研究所の研究員は軍学共同についてどのように考えているのだろうか。その一例として、2016年4月に国家公務員労働組合連合会が行なった、国立試験研究機関に勤める研究者を対象にしたアンケート結果がある（総回答数799）。それに軍学共同に関して、「産学官の共同での研究が強まるなか、防衛省や米国国防総省が予算を提供する『軍事研究・開発』に参画する大学や国立研究開発法人が増えています。こうした『軍事研究・開発』を進めるべきだと思いますか？」という設問に対して、「進めるべきではない」との回答が448件（56％）あったのに対し、207件の「進めるべき」との回答（26％）があった（無回答144件、18％）。20代から30代の若者の半分近くの賛成があり、その理由として①国立研究機関であるから政府の担うべき機能を支援すべきである、②民間への転用可能なら構わない、③科学・技術が発展するから、④研究資金が調達できるから、⑤自衛のため（国防のため）なら軍事研究は許される、が挙げられている。

国立試験研究機関の勤務者へのアンケートであるためか、①のような回答が多いのだろう。国から給料や研究費を得ているのだから国の言うことには従うべき、との発想で愛国心が強いのかもしれない。しかし、科学研究の国際性や普遍性を考えないのだろうか、国が命じれば原爆だって作るのだろうか、そもそものスポンサーは国ではなく税金を払う国民であるはずなのに、と考えてしまう。

②の意見は、本質的にはデュアルユース問題に関わることで、民生目的と軍事目的の区別がつかず、軍からの資金であろうと結果的に民生目的になれば（あるいは民生目的のつもりで研究すれば）いいのでは、という楽観的発想である。しかし、軍からの金である限り最終的には軍事目的に使われるのは当然であり、確実に民生利用となるわけではないことに気づかないふりをしていると言うべきだろう。この言い方は自分のアリバイのための口実でしかない。私は、研究現場においては軍事目的も民生目的の区別はないが、軍から出る金による研究は軍事目的であり、学術機関からの資金による研究は民生目的であると考えている。両義性とは研究資金の出所のことでしかないのである。そして軍からの資金は、民生目的の研究を軍事目的に横取りするために拠出されると考えるべきなのだ。

③と④は、軍事開発であれば比較的潤沢に金が出され、金さえ出れば科学・技術は発展すると言っているに等しい。科学・技術が発展することのみが研究の目標となってしまうと、誰のための研究か、何のための研究か、について省察しないのだろう。また、現在の「選択と集中」という科学技術政策のひずみによって経常研究費が激減してしまい、研究を続けるためには軍からの金であっても構わないとする研究者が多くいる。これが「研究者版経済的徴兵制」の実態で、事実上文科省の予算配分方式が研究者を軍事研究に追いやっているのである。この問題は大学政策とも深く関係しており、日本のあるべき学術体制として深刻な議論を重ねなければならないと思う。

最後の⑤の「自衛のためなら軍事研究も許される」と単純に言う研究者は実に多いが、先に述べたように単純な自衛に留まらず軍拡競争に巻き込まれ、最終的には核兵器の保有・使用にまで行き着いてしまうことを忘れている。結局、自分は戦争に巻き込まれないと思い込み、情緒的に国を守ると言って研究費をせしめようとしているだけで、きちんと国の将来を考えているわけではないのは明らかである。

デュアルユースの議論も含め、研究者は軍学共同に携わるとはどういうことか、現在だけでなく将来の科学・技術はどうあるべきで、軍学共同はいかなる影響を与えるか、などをじっくり考え議論する必要がある。現在の科学者は、過当競争や商業主義に追われて近視眼的になっているという状況を反省すべきではないだろうか。

4 軍学共同に抗する

大学への悪影響――誰のための・何のための研究かを省察する

軍学共同が、大々的にかつ本格的に展開されるようになると、特に大学の教育・研究に対する悪影響がいくつも考えられる。

その一つは、大学内に秘密研究を専らとする軍事研究の資金や施設が持ち込まれ、一種の治外法権の場となってしまうため、大学の自治に対する大きな脅威となることである。大学側の意向と関係せずに軍事研究に従事する研究者が存在するようになるからだ。それと関係があるのだが、学問の自由も脅かされる危険性がある。秘密研究が堂々となされることは、自由な情報開示を当然とする雰囲気が壊されるために伸び伸びした研究交流ができなくなるからだ。また、軍事研究に参加する研究者が思わず研究内容を口にしてしまい、特定秘密保護法によって機密漏洩罪で告発される恐れが生じるというようなことになれば、当の研究者のみならず周囲の研究者も委縮してしまうことも確かだろう。このような事態が生ずると、研究の場において自由な議論をする雰囲気が失われてしまうのだ。

また、軍事研究が当たり前になると、世界の平和とか人類の福利という科学研究の本来の目的から離れて国家のため軍のための研究となり、市民との連帯意識は薄れていくことは確実である。そのため、市民のために研究しているという誇りも失ってしまうことになる。それは研究者としての精神的な堕落であるのだが、何と寂しい研究者人生となることであろうか。あたかもスパイのように自分の仕事を素朴に語ることができず、黙って他の研究者の夢に溢れた研究話を聞くのみの存在にならざるを得ないのだから。

そのうえ、大学は次の世代の人間を育てる場であるのだが、軍事研究が大学に入って来ることによる致命的な教育的悪影響を指摘しなければならない。秘密研究に一切の疑問を感じることなく、むしろそのような研究こそ唯一と考えかねない若者を育てることになってしまうからだ。特に、上司が請け負った軍事開発の手伝いをさせられる学生にとっては、世界的視点とか市民に寄り添った見方を学ぶことなく、秘密のまま軍と折衝することが当たり前であり、それが実際の研究だと思い込むことになりかねない。そのような若者を社会に送り出すようになってしまう大学は、果たして「知の共同体」であり続け、生み出す知識が「公共財」であると言えるだろうか。

私たちが行なっている研究は「誰のためか、何のためか」を常に点検しながら生きることこそ、市民が期待し信頼する研究者ではないだろうか。加藤周一は、知識人が行なう軍産学協同への批判として、

自分の知識とか頭脳を権力を強化するために使うというのは、人民に対する一種の裏切りである

と語っている。知識人はいかなる権力に対しても、人民の立場で権力を批判する立場を採らねばならない。なぜなら、人民は知識人にその役割を期待しているからこそ、知識人が権力を気にすることなく自由に語れる環境条件（研究者としての自由度）を保証しているのである。だからこそ、知識人が権力にすり寄るのは人民に対する裏切りになるのだ。

私たちの運動——軍学共同反対連絡会へ拡大

私たち「軍学共同に反対するアピール署名の会」（代表：池内了）は、2014年7月に発足し、主として署名運動と講演・執筆活動を行なってきた。そして、2016年3月に得

られた2100名余りの署名者の名簿と自由記述欄に書かれたさまざまな軍学共同への批判的意見を印刷した冊子を作成して、国立大学学長、理工学部を有する公立・私立大学学長、日本学術会議会員の方々に送付してきた。これを読んでもらえば、人々の間で軍学共同への批判がいかに強いかを実感できると思ってのことである。

一方、「大学の軍事研究に反対する署名運動の会」（代表：野田隆三郎岡山大学名誉教授）は、安全保障技術研究推進制度の採択が決まったことを見て、2015年9月に起ち上がった運動体で、SNSなどのIT技術を有効に駆使して、4か月ばかりの短期間に9000名を超える署名を集めた。特筆されることは、この会の世話人が中心となって防衛省の安全保障技術研究推進制度に応募した（あるいは応募したかどうかに明白に答えない）大学に申し入れを行ない、市民も参加して大学当局者に軍学共同に加担しないよう要望した文書を手渡す活動を行なっていることである。これまで20を超える大学で申し入れを行なってきた。

さらに、「戦争と医の倫理の検証を求める会」（代表：西山勝夫滋賀県立医科大学名誉教授）は、第二次世界大戦中の医学者の軍学共同の実態を検証する活動を続けており、「軍学共同反対」において共通の目標を掲げている。そこで、3つの運動体が中心となり、さまざまな平和運動や安保法制に反対する運動などと連帯して「軍学共同反対連絡会」を立ち上げ、粘り強い運動を継続していくこととした。軍学共同は、日本の政治の軍事化路線の一つの具体的表れであり、憲法改悪の動きと無縁でないことは明らかであり、これまでの署名運動を軸とした運動は限界があると考えるからだ。その意味で、より幅広く多様な運動を含みこみ、他の憲法擁護の諸団体と連帯する連絡会に脱皮させようというわけである。

とりあえずは、日本学術会議の「安全保障と学術に関する検討委員会」の議論を傍聴して逐次中身を報告しつつ、必要な批判を加えて健全な方向に検討が進むよう活動を行なっていきたい。

もしも、日本学術会議が自衛のためであれ軍事研究を認めるようなことになれば、日本の学術は死を迎えることになると私は思っている。日本人は、集団として一斉に同じ方向になびく傾向があり、日本学術会議が軍学共同を許容することになれば、学術界がこぞって軍事研究に勤しみ防衛省からの資金を奪い合うという状況となりかねないからだ。

今日本の学術が、軍事とは手を切った状態を保って研究者として誇りある態度を堅持し続けるか、軍事化の道を歩んで再び戦前の過ちを繰り返すか、その分かれ道に差しかかっていると言える。それは、平和憲法を柱とする日本を継続していくか、アメリカに追随して軍事力で世界を威圧する国家に変貌していくか、その分かれ目に差しかかっているということでもある。私たちは今まさに正念場に立っているのだ。

4章

「死の商人国家」にさせないために

武器輸出反対ネットワーク（NAJAT）の取り組み

杉原 浩司 *Sugihara Koji*

グロテスクな本音

今から10年以上前の2005年、三菱重工の西岡喬会長（当時）が、国会議事堂に隣接する憲政記念館で開かれた「日米安保戦略会議」の場で、「ミサイル防衛」（MD）に続く将来の日米共同開発・生産の案件候補について、「新型戦闘機や無人機、対テロ・生物化学兵器対処装備やロボット、通信電子など」と異例の言及をおこなった。

要するに「何でもあり」である。そして、2006年の会議では、大古和雄・防衛庁防衛政策課長（当時）がこう言い放った。

「日米の得意技術を結集することで（新SM3ミサイルの）早期開発が可能になる。そのためには日米で自国のはらわたまでお互いに見せ合うことが必要だ。NATOでもそこまで至っていない」

なんともグロテスクな本音が全開となった。

日米の軍需企業幹部や政治家、防衛官僚が集結したこの会議は、2003年から毎年、春に米国で、秋に日本で開催された。驚くべきことに、憲政記念館内の「憲法50年記念ホール」には、ロッキード・マーチン、ボーイング、ノースロップ・グラマン、レイセオ

日米安保戦略会議の武器展示を前にボーイング社幹部と談笑するウィリアム・コーエン元米国防長官（2015年11月、憲政記念館）

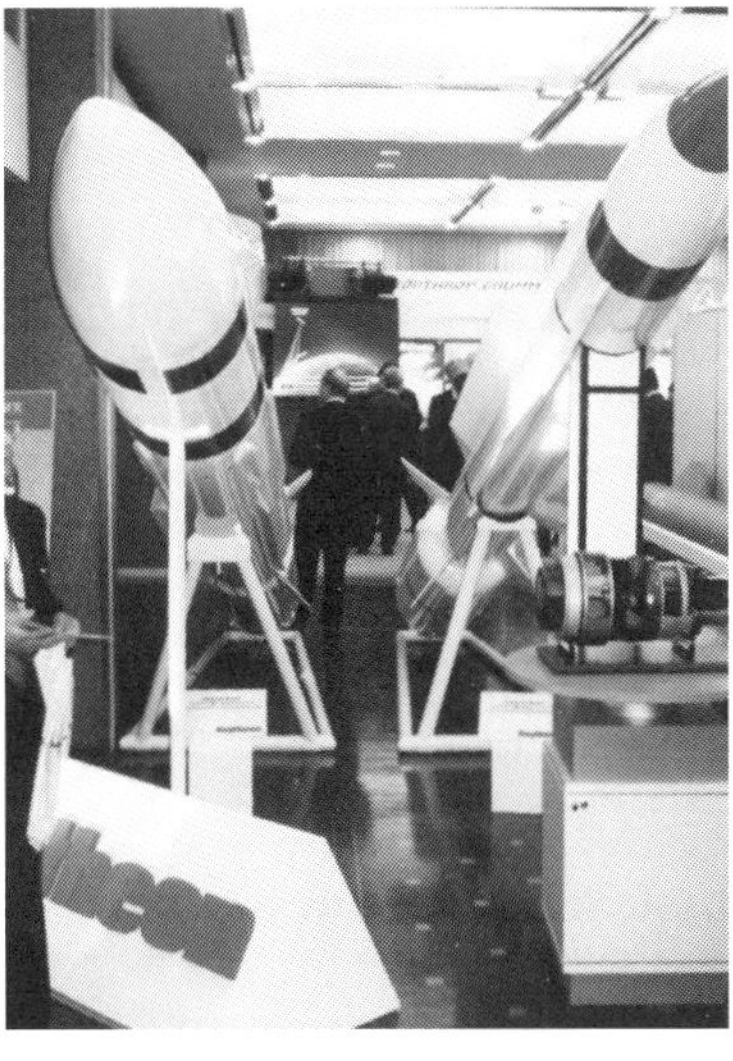

日米安保戦略会議で展示された日米共同開発中の迎撃ミサイルSM3の実物大模型（2015年11月、憲政記念館）

ンなどの米巨大軍需企業の兵器展示ブースが設置された。ミサイルの実物大模型が並べられ、政治家は嬉しそうに戦闘機のコックピット模型に座ってみせた。

会議はMD導入や日米間のGSOMIA（軍事情報包括保全協定）締結の推進力としての役割を果たしたが、その後、仕掛け人であり軍需産業と政治家をつなぐ「フィクサー」と呼ばれた秋山直紀氏の逮捕・起訴により頓挫することになる。

あれから10年ほどの歳月が流れたが、現実は二人の「予言」をなぞっているように見える。ただし、相手は米国だけではない。2014年4月1日の安倍政権による武器輸出三原則の撤廃と「防衛装備移転三原則」という名の武器輸出促進原則の閣議決定以降、日本は確実に「死の商人国家」に向かって歩を進めている。

本稿では、憲法9条の理念を反映した「国是」を捨て去り、世界に武器を売りつけることに血道をあげる「恥ずかしい国」となった日本で、それを良しとしない市民の抵抗の動きを紹介したい。合わせて、日本に戦争の駆動力としての「軍産学複合体」を作らせないための何らかの手がかりを示してみたいと思う。

「武器輸出反対ネットワーク」結成前史

私が武器輸出や軍需産業の問題を考えるようになったのは、2000年秋、来日した「宇宙への兵器と原子力の配備に反対するグローバルネットワーク」(http://space4.org/)コーディネーターのブルース・ギャグノンさんの話を聞いてからだ。「ミサイル防衛」(MD)が防衛とは名ばかりの「先制攻撃促進装置」であることや、衛星攻撃兵器の配備をはじめとする宇宙の軍事化の危険性について、目を開かされ、友人たちとともに「核とミサイル防衛にNO!キャンペーン」を発足させて活動を始めた。

その後、日本は小泉政権時代の2004年にMDの日米共同開発に舵を切り、2008年5月の「宇宙基本法」の制定により「宇宙の平和利用原則」も放棄していく。私たちは、2004年には丸の内の日本経団連(その後移転)に武器輸出反対のデモをおこない、2007年には品川にある三菱重工本社を包囲する抗議デモにも取り組んだ。また、2007年から2008年にかけて、地上配備型迎撃ミサイル「PAC3」が首都圏4か所の自衛隊基地に配備された際には、各地で反対運動が取り組まれ、搬入に抗議する徹夜の座り込みなどもおこなわれた。

武器輸出反対ネットワーク（NAJAT）の発足記者会見
（2015年12月17日、衆議院第２議員会館、撮影：まさのあつこ）

やがて２０１１年３月11日の東日本大震災によって、東電福島第一原発事故が発生し、私は脱原発運動にのめり込むことになる。「原子力ムラ」と呼ばれる利権共同体の解体こそが必要だと確信したからだ。

その間、ＭＤ配備はすっかり既成事実化されていった。現在までにＭＤに投入された血税は約１兆５８００億円に達している。２０１６年８月、就任したばかりの稲田朋美防衛相は「日本全域を防護できる能力の強化が必要だ」（８月７日、東京）と述べ、新型迎撃ミサイルＳＭ３ブロック２Ａの導入経費を計上することを表明した。「スパイラル（らせん状）開発」の名で絶えずシステムを更新し続けるＭＤは、「軍産複合体」にとってはまさに「金の成る木」なのだ。

私を再び武器輸出反対運動に向かわせたのは、言うまでもなく第2次安倍政権の発足だった。武器輸出の解禁、国家安全保障会議（NSC）の設置、特定秘密保護法の制定、そして集団的自衛権の行使を認める閣議決定と安保法（戦争法）の制定へ。立憲主義と平和主義を破壊する政治権力の暴走に対して、自分にできることは何か。問いかけた末の結論が2015年12月の「武器輸出反対ネットワーク（NAJAT）」の結成だった。

武器輸出三原則の撤廃から、既に1年8か月ほどが経っていた。出遅れを挽回するために、とにかく行動していこうとの思いが先に立った。

「モラルハイグラウンド」から「モラルハザード」へ

NAJAT立ち上げに至るプロセスのなかで、大きな動機付けになったのは、テレビ番組で見た武器輸出を推進する官僚による信じられない言動だった。

2014年10月に放映されたNHKスペシャル「ドキュメント武器輸出―防衛装備移転の現場から」は、安倍政権による武器輸出三原則の撤廃が何をもたらしているのかを克明に報告する優れた作品だった。

この中にまるで主人公のように何度も登場するのが、堀地徹（ほっちとおる）防衛省装備政策課長（当時）。その後、防衛装備庁の装備政策部長に昇進した日本の武器輸出のキーパーソンだ（その後、２０１６年7月1日付で南関東防衛局長に異動）。この番組の後、防衛省では「まるで堀地徹物語だ」との声さえあがったという。

彼は武器輸出三原則の撤廃直後の２０１４年6月、パリで開催された世界最大級の国際武器見本市「ユーロサトリ」（隔年開催）に、初出展した大手8社、中小4社の計12社の日本企業を引き連れて参加した。彼は「日本は残念ながら、幸いかもしれないけど、実戦の経験がないので」との感慨を漏らしながら会場展示を見てまわる。そして途中、イスラエルの無人機ブースに立ち寄ってこう言ってのける。

「イスラエルの実戦を経験した技術力を日本に適用することは、自衛隊員のためにもなるし、周りの市民を犠牲にしないで敵をしっかり捉えることは重要。（イスラエルの）機体と日本の技術を使うことでいろいろな可能性が出てくると思う」

はなはだしい事実誤認と倫理のかけらもない認識。「イスラエルの実戦」が何をもたらしたのかを知らないのか。イスラエルの攻撃は「周りの市民を犠牲にしない」ものなのか。一体この人は正気なのか。私は言葉を失った。

イスラエルが２００８年末から２００９年1月にかけておこなったパレスチナ・ガザ地区への攻撃は、大多数が民間人である約１４００人を殺害した紛れもない戦争犯罪だった。

2014年６月、国際武器見本市「ユーロサトリ」のイスラエルブース
での堀地徹・防衛省装備政策課長（当時）の発言
（2014年10月放映、NHK スペシャル「ドキュメント武器輸出」より）

また、このユーロサトリの直後、２０１４年7月末から8月にかけて再びおこなわれたガザ攻撃では、２２００人以上が殺害され、そのうち民間人は約１５００人、その中には５００人を超える子どもたちも含まれている。

パレスチナだけではない。イスラエルは２００６年7月にもレバノンに対して無差別爆撃をおこない、約１００0人を殺害している。また、イスラエルによるパレスチナのハマース幹部に対する「標的殺害」という暗殺攻撃は、かつて米国すら国際法違反だとして反対を表明していた（「9・11」以降、米国も無人機による暗殺を開始する）。無人偵察機や無人攻撃機はこうした戦争犯罪の遂行において不可欠の役割を果たし続けている。

国連のオブザーバー国家となったパレスチナは、イスラエルの戦争犯罪を国際刑事裁判所（ＩＣＣ）に提訴する構えを見せている。世界ではイスラエルボイコットが拡大し、イスラエルに経済的な損失を与えるまでになっている。そんなイスラエルと日本が武器を共同開発することに「可能性」を見出す防衛官僚の出現。日本はここまで来てしまったのかと、戦慄を覚えざるを得なかった。

もう一人、防衛官僚の驚くべき言動を紹介しておきたい。２０１５年11月10日に防衛省そばのホテルグランドヒル市ヶ谷でおこなわれた防衛装備庁の「技術シンポジウム」で、流暢に講演した池松英浩・防衛装備庁装備政策部国際装備課長に対して、私はフロアーから質問した。

「オバマ政権による中東への大量の武器輸出が、現在の中東の惨状の要因の一つだとも言われているなかで、今頃になって武器商戦に参入するというのは時代遅れではないか。武器輸出三原則を取り戻し、武器取引の厳格な規制にこそ役割を果たすべきだ。また、武器輸出三原則は衆参両院の国会決議に裏付けられていたのに、閣議決定のみで撤廃された。これは撤廃に反対する民意と国会を無視するもので認められない」

これに対して、池松課長は力んで答えた。

「明確にお答えします。他国との関係強化と国際社会への貢献のためにやっている。また、内閣も国民から選ばれた人がやっており、民主的プロセスにのっとっている」

お題目しか答えられないばかりか、内閣による独裁的な手法の正当化さえしてみせた。

NHKの番組では、かつての防衛官僚の証言も紹介されていた。畠山襄・元通産省航空機武器課長が、当時何度もあったというイランやアメリカなどからの武器輸出のリクエストに対処した経験をこう述べていた。

「あれ（武器輸出三原則）がなかったら続出する可能性に耐えられたかどうか。もしそれがなくて、武器外交というものを十分に展開できることになっちゃうと、（他国からの武器輸出のリクエストを）断れないんじゃないか」「（鈴木善幸総理が断られたのは）『戦争が起きて武器が売れるといいなと思うような産業界の人をつくりたくない』ということだったと思いますね」

堀地氏や池松氏と、畠山氏との差は途方もなく大きい、というよりもそこには断絶すら存在する。

かつて軍縮大使を務め、2003年に国連の小型武器中間会合でも議長を務めた猪口邦子氏（現自民党参議院議員）は、自身が議長に選ばれ役割を全うできたことについて、「日本が武器輸出三原則という『モラルハイグラウンド』（道義的な高み）を持っていたからだ」と述懐していた。今まさに起こっているのは、「モラルハイグラウンド」から「モラルハザード」への堕落なのだ。

私たち主権者は国会議員を選ぶことはできるが、官僚を選ぶことはできない。だが、市民の命を脅かすこうした官僚を決して野放しにはできない。市民の手で退場を迫らなければいけない、と私は深く心に刻んだ。

「紛争当事国」の存在しない世界!?

ここでいったん、「防衛装備移転三原則」の策定に至る道筋をたどっておこう。

1967年に佐藤栄作内閣によって最初に表明され、1976年に三木武夫内閣によって事実上の全面禁止へと厳格化された「武器輸出三原則」は、非核三原則とともに、日本の「国是」として定着していった。しかし、1983年、中曽根政権によって対米武器技術供与という最初の穴が空き、2004年の小泉政権時代には日米の「ミサイル防衛」(MD)共同開発が三原則の例外とされた。そして、2011年の野田民主党政権時代には、わずか3回の副大臣級非公式会合のみによって、武器の国際共同開発を包括的に例外化するという大穴が空いてしまった。さらに、2013年には第2次安倍政権が、日本企業が生産したF35戦闘機の部品の輸出を三原則の例外とすることを決めた。こうした経過のうえに、2014年4月1日、安倍政権が閣議決定のみで武器輸出三原則自体を撤廃し、「防衛装備移転三原則」を策定した。

これに関して森本敏氏（元防衛相、拓殖大学総長）は「民主党政権下で例外が包括化された。自民党からすると民主党にしてやられた数少ない分野だったため、安倍晋三政権は思い切り原則を書き換え、諸問題を解決したいと考えた」（2014年4月2日、産経）と述べている。

そのうえで、防衛装備移転三原則の問題点を見てみよう。はじめに強調しておきたいのは、前提となるべき世界のとらえ方が根本的に間違っていることだ。シリアやイラク、アフガニスタン、イエメン、リビア、そしてアフリカ各国などで、悲惨な紛争が続き、多数の死傷者と難民が出ている。難民の数は戦後最多の6530万人（2015年末・UNHCR＝国連難民高等弁務官事務所）に達しており、その受け入れをめぐってヨーロッパなどでは社会に深刻な亀裂が生まれている。

しかし、こうした深刻な事態にもかかわらず、日本政府の公式見解は「世界に紛争当事国は存在しない」というものだ。なぜなら、「紛争当事国」の定義を「武力攻撃が発生し、国際の平和および安全を維持しまたは回復するため、国連安全保障理事会が取っている措置の対象国」と極めて狭く限定しているからだ。これに当てはまる直近のケースはなんと1991年の湾岸戦争時のイラクだけである。これは見え透いた詐欺である。

かつての武器輸出三原則の核心は、「紛争当事国およびそのおそれのある国には輸出しない」だった。そこには「日本は戦争に加担しない」という理念が込められていた。ところが、現実を無視した安倍政権の「防衛装備移転三原則」では、「国際紛争を助長しない」という重要な理念は完全に空洞化されてしまった。なるほど紛争のない世界では、紛争を助長する武器輸出など存在し得ない。唯一日本が武器輸出できないのは、国連安全保障理事会が武器禁輸を決議しているわずか11か国（アフガニスタン、中央アフリカ、コンゴ民主共和国、エリトリア、イラク、レバノン、リベリア、リビア、北朝鮮、ソマリア、スーダン）のみ。イスラエルやシリアなど、それ以外には理論上はどこにでも武器輸出が可能となったのだ。

そして、武器輸出三原則が掲げていた「平和主義」の理念は大きく変質し、「国連憲章を遵守するとの平和国家としての基本理念は維持する」へとすり替わった。冗談もいい加減にしてほしい。国連加盟国が国連憲章を遵守するのは当たり前のことである。

さらに、新三原則のもとで、最初に国家安全保障会議が認可した二つの案件からも、武器輸出への歯止めが失われたことが浮き彫りになる。

三菱電機が目標識別装置を担当する日英ミサイル共同研究は、戦闘機同士が戦う際に使用される空対空ミサイル「ミーティア」改良型の開発をめざすものだ。完成した暁には、ミサイルは世界で3000機の調達が見込まれているF35ステルス戦闘機や、シリア空爆に使用されているフランス製戦闘機ラファールなどに搭載されると言われている。これはまさに殺傷兵器そのものであり、三菱電機の部品が組み込まれたミサイルが世界の紛争で使用される恐れが高い。当初強調されていた「防衛的な」イメージはいきなりかなぐり捨てられ、早くも戦争加担そのものに踏み込んでいる。

そしてもう一つが、三菱重工がライセンス生産した航空機迎撃用のPAC2ミサイルの「シーカージャイロ」という部品を、ライセンス元である米国へ輸出する案件だ。ここで問題になるのは、ライセンス元への輸出の場合、相手国による第三国輸出に対する日本の事前同意が不要とされている点だ。米国は日本が輸出を決める前から、PAC2を中東のカタールに輸出することを決めていた。日本の部品を組み込んだ武器が第三国による戦争犯罪に使われることを止めることができないという深刻な欠陥が、最初から新三原則に埋め込まれているのだ。

これに関して、前述した堀地徹・装備政策課長（当時）はNHKスペシャル（2014年10月放映）の中でこう述べた。

「アメリカのミサイルに組み込まれた瞬間に消費されたと見なして、そこから先はアメリカがしっかり管理するのでいいということで、私たちは追跡しないことにした」

また、ケビン・メア氏（元米国務省日本部長）もこう述べる。

「アメリカに部品を供給すれば、どこに輸出されるか追跡する術はない。アメリカはそれ（追跡）を決して認めないでしょう」

日本政府には、武器の拡散とその戦争犯罪における使用を規制する意思もなければ、仕組みもない。果たすべき最低限の責任を初めから放棄してしまっているのだ。

「ミスター武器輸出」堀地徹氏との対決

2016年4月25日夕方、私は「ついにこの時が来た」との思いでシンポジウム会場に入った。防衛省のすぐそばにあるホテルグランドヒル市ヶ谷で、『防衛装備庁と装備政策の解説』（内外出版）出版記念「防衛装備シンポジウム」が開かれた。私がこのシンポに参加した大きな理由は、あの堀地徹氏がパネラーとして出席するからであった。

田村重信・防衛知識普及会理事長（自民党政務調査会審議役）の司会のもと、堀地氏に加えて、外園博一・防衛装備庁防衛技官、吉田孝弘・防衛装備庁事業管理官がまず発言した。

その後の質疑応答で、私は手を挙げて堀地氏に質問した。

「NHKスペシャルであなたは『イスラエルの機体と日本の技術を使うことでいろいろな可能性が出てくると思う』と発言した。イスラエルは2008年から2009年にかけて、さらには2014年夏にも、民間人を含む多数の人々を殺傷した。パレスチナ政府が国際刑事裁判所にイスラエルを戦争犯罪で訴えようとしている。こうした戦争犯罪国家と武器を共同開発するという見解は今なお変わらないのか？」

ここで司会の田村氏が「今日はマスコミにもフルオープンなので役人は慎重に答弁するように」と気を遣う。それを受けて堀地氏は、「マスコミが編集したものについてコメントはしない。防衛装備移転三原則のもとで進めていく」と逃げた。私は「あなたの発言は編集されているわけではない。発言自体を問題にしている」と食い下がったが、堀地氏は「コメントしない」を繰り返すばかりだった。

シンポは終了したが、私は、これくらいでは引き下がれないと堀地氏のところに行き、「きちんと答えてください」と迫った。彼は、「言葉の使い方に気をつけるべきだ。編集にはコメントしない。あなたの質問に答える義務はない」と高圧的に述べたてた。これ以上の対応はなしかと思いきや、少しして私のところに寄ってきてこう言った。

「あなたのイスラエルへの価値観を最初に言われても答えられない。『イスラエルとの装備協力はどうなっているのか』と聞かれるならまだしも」と。

これを受けて私は「ではそう尋ねます」と問いかけた。彼は、「防衛装備移転は装備移転協定を結ばないとできない。イスラエルとは結んでいない。我が国は専守防衛。そのために必要な技術を取得するために、優れた装備品を持つイスラエルの調査はしている。今後、協定を結ぶかどうかなど動向を見ればいい」と応答した。

イスラエルと無人機共同研究へ

そして今や、堀地氏の野望が実現に向かっている。堀地氏はシンポの場ではしらを切ったが、水面下で周到な準備を進めてきていたようだ。数年前なら決してあり得ないと思われたことがまさに今、起こりつつある。

6月30日付で共同通信が配信したのは、防衛装備庁がイスラエルと無人偵察機を共同研究する準備を進めているというスクープ記事。既に両国の軍需産業に参加を打診しており、準備は最終段階にきているという。

あのイスラエルである。パレスチナの占領を続け、ガザの封鎖を続け、入植地を拡大し、空爆や地上戦による戦争犯罪を繰り返してきた「中東のならず者国家」。憲法9条の文言は一字一句変わっていないのに、こんなことがまかり通っていいはずはない。

共同研究は、イスラエルの無人機技術に日本の高度なセンサー技術などを組み合わせるもの。イスラエルの担当部局は、国防省の対外防衛協力輸出庁（SIBAT）。企業については、日本側は三菱電機や富士重工業、NECに、イスラエル側はイスラエル・エアロスペース・インダストリーズ（IAI）、エルビット・システムズなどに参加が打診されているという。

この記事を共同通信が配信したのと同じ6月30日、朝日新聞にも「無人機　悩む防衛省」と題した関連記事が掲載された。

そこには、既に3年前から、防衛省がイスラエルの中型無人機の調査を始めており、6月中旬にパリで開かれた「ユーロサトリ」で、防衛装備庁（堀地徹氏ら！）とイスラエル国防省の幹部（後にSIBAT長官と判明）が無人機に関する協議をおこなったこと。そして、日本政府が購入する米国製無人偵察機「グローバルホーク」が、運航頻度の低さ、運航コストの高さ、機密情報の範囲の大きさなどから使い勝手が悪いとみなされ、その「穴埋め」の意味でイスラエルとの共同開発が現実味を帯びてきていると記されていた。

7月15日の共同通信担当記者による中谷防衛大臣記者会見における質疑では、5月30日に、中谷大臣のところにSIBATの幹部が訪れ、協議をおこなったことも明らかになっている。8月5日にNAJATがおこなった防衛装備庁との交渉では、この幹部が「一般的に外に出すレベルの偉い方」（装備庁）ではなかったことが判明。しかも、ＳＩＢＡＴ幹部が来日して面談するのは今回が初めてだったこともわかった。

では、パートナーにしようとしているイスラエルの軍需企業とはどのような存在なのか。

南アフリカの元国会議員であるアンドルー・ファインスタインの名著『武器ビジネス』（原書房）の下巻に、エルビット・システムズに関するこんなくだりがある。２００９年のパリ航空ショーでの話だ。

「同社は自社の無人偵察攻撃機を紹介するために、大きなＩＭＡＸスクリーンを使って、パレスチナの村を仮想攻撃する映像をくりかえし流していた。鷹を思わせるセールスマンの群れが、『わが社の数十年におよぶ実戦状況の兵器テスト』の話で顧客候補者たちを楽しませた」

ここで言う「数十年におよぶ実戦状況の兵器テスト」とは、まさにパレスチナやレバノンの人々の大量虐殺であり、国際人権・人道法違反の戦争犯罪を指している。

もう一つのＩＡＩは、２００４年のパシフィコ横浜での国際航空宇宙展に出展し、無人機や迎撃ミサイルの模型を展示していた。そこにも、パレスチナを想定したスクリーン映像があった。最近は「自爆型ドローン」の輸出もしている。名だたる日本企業は、戦争犯罪を悔いるどころか誇ってみせるこうしたおぞましい企業と本当に組むのか。

イスラエルとの無人機共同研究に反対して東京証券取引所前でアピール　（2016年８月５日、撮影：まさのあつこ）

イスラエルは無人偵察機の世界シェアの約６割を占めるとも言われている。こうしたイスラエルの軍需企業をパートナーとして、世界に拡散する恐れの高い無人偵察機を共同研究することは、アラブ・中東の人々が今まで持ってきた日本に対する信頼を、最終的に崩壊させる決定打となりかねない。日本製部品を組み込むことで性能を向上させたイスラエルの無人偵察機が、パレスチナの人々の大量虐殺を支援する。もちろん、開発された技術は無人攻撃機にも組み込まれるだろう。日本がパレスチナの人々への公然たる加害者になる。そんな恐ろしく恥ずかしい未来がもうそこまで迫ってきている。

私たちＮＡＪＡＴでは、無人機共同研究をさせないためのネット署名を開始し、日本側の３つの企業に対しても声を届けることを呼びかけている。今後、署名提出も含む防衛装備庁、軍需企業への申し入れや強力なボイコット（不買）運動などを展開して、なんとしても食い止めたい。

防衛装備庁も企業も、表向きは共同研究の準備を否定している。この企てが公式に明らかになってからでは、止めるのは困難だろう。水面下にある今のうちに大騒ぎをして潰してしまいたい。

「レピュテーションリスク」という壁

ここで、日本の武器輸出をめぐる力学の現状についてふれておこう。６月16日に放映されたＢＳフジのプライムニュースにおいて、森本敏氏は日本がオーストラリアの次期潜水艦商戦に敗北した要因をこう指摘した。

「いわゆる『レピュテーションリスク』という、『武器商人になるのか』と言われるという気持ちも企業の中にまだ残っている。全ての会社ではないが、そこまで苦労して現地に乗り出すことにメリットを考えない会社もあった。日本でトータルでみんなでこれを実現しようという総合力が出なかったという点では、確かに残念だった」

番組によれば、「レピュテーションリスク」とは「企業への否定的な評価や評判が広がることで信用やブランド価値が低下し、損失を被るリスク」のこと。端的に言えば、企業は「死の商人になるのか」と言われることをいまだに警戒しているというのだ。

森本氏とともに出演していた織田邦男元空将もこうコメントした。

「日本の中の会社で、社運を賭けて兵器を輸出して儲けようとしている会社は一社もないと思いますね。今、防衛装備品を作っている主要な会社でも大体全体の売り上げに対する比率は10％以下ですよ。こういう世の中で、会社からしたら『死の商人』と言われてそれにいちいち対応するよりも、『そんなことは除いて民需に走った方がいいや』と思っている会社が大半だと思いますね、そこは」

武器輸出を推進する立場である二人の正直な「告白」に、皮肉にも日本の武器輸出の現状がくっきりと表れていた。

1年ほど前、2015年5月中旬にパシフィコ横浜で戦後初めて開催された本格的な武器見本市「Ｍａｓｔ　ＡＳＩＡ」において、森本氏はスポークスパーソンを務めていた。彼は記者会見で、

「武器輸出について日本が昨年、政策変更をおこなった際、多くの企業は『(日本の防衛関

連企業が）武器商人になっていくのではないか』と言われるリスクを恐れて慎重だったが、1年がたち、新しいビジネスとして道が開かれるということに気が付き始めている」（2015年5月16日、神奈川新聞）と誇らしく述べていた。

ちなみに私はあの時、最終日に展示会を訪れ、にわか作りのプラカードを掲げて、「武器輸出やめろ」「STOP ARMS SALES」の声を上げた。あれから1年。森本氏は「道はそう簡単には開かれていない」と認めざるを得なかったことになる。軍需企業に対して届けられた「死の商人にならないで！」という市民の声は無力ではなかった。

日本が「死の商人国家」に成り下がることに反対してきた市民は、「勝ってはいないが負けてもいない」のだと思う。

巻き返しで狙われる学術界と中小企業

森本敏氏らが告白しているように、安倍政権が官邸主導で企業の尻をたたく形で進めてきた武器輸出戦略は必ずしもうまくいっていない。

本書で望月衣塑子さんが報告されているオーストラリアの次期潜水艦商戦での手痛い敗北と、パリでの国際武器見本市「ユーロサトリ」に前回出展した軍需大手6社のうち5社が参加を見送ったこと。それに加えて、〝潜水艦キラー〟と呼ばれる最新鋭の対潜哨戒機P1のイギリスへの売り込みも失敗に終わり、当初はたやすいと思われていたインドへの救難飛行艇US2の売り込みもまだ成功していない。現在進みつつあるのは、企業が直接介在しない海上自衛隊の中古練習機のフィリピンへの貸与や巡視船の供与くらいである。

完成品の武器の輸出がそう簡単にはいかないことを、当の軍需企業のみならず防衛装備庁も認識し始めており、危機意識に基づいて、現在、巻き返しのための戦略の再構築が始まっている。

まず、防衛省の有識者会議「防衛装備・技術移転に係る諸課題に関する検討会」メンバーも務める佐藤丙午拓殖大学教授が、4月28日付の日経ビジネスオンラインで語ったインタビューを見てみよう。彼は、潜水艦商戦で日本が落選する可能性が高いとの報道を意識しながら、今後の武器輸出の課題を列挙している。

「炭素繊維、小型レンズ、光電子増倍管（浜松ホトニクス）などを輸出につなげるべき」「セキュリティー・コーディネーター（武器輸出対象国の事情を熟知する人材）の育成を」「防衛官僚と防衛企業担当者が集まり、武器技術開発や武器輸出について評価、検討する『司令塔』となる『ディフェンス・サイエンス・ボード（国防科学委員会）』の設置を」「技術を持った中小企業を集めてコンソーシアム（合同企業体）を作るブローカー的な人材を育成し、ドローン技術など中小企業が保有する技術を掘り起こし、集め、武器に組み上げる役割を」などだ。

さらに、6月2日には自民党の国防部会（大塚拓会長）が安倍首相に「『技術的優越』なくして国民の安全なし」との副題の「防衛装備・技術政策に関する提言」を提出した。

そこには、以前なら考えられなかったような踏み込んだ内容がてんこ盛りである。「総合科学技術・イノベーション会議の構成員に防衛大臣を追加」「日本版『国防科学委員会』（DSB）の設立」「防衛装備庁の人員拡充と目利き人材の登用」「『無人装備』『誘導武器』等の『研究開発ビジョン』の策定」「武器研究開発予算の大幅な拡充」「軍事研究への助成金（安全保障技術研究推進制度）を6億円から100億円に大幅拡充」「武器開発に活用できる技術を持つ中小企業の発掘と海外展開の支援」「武器輸出に伴い訓練やメンテナンス等をパッケージとして実現する体制整備」などなど。

オールジャパン体制なんかいらない

総合科学技術会議に防衛大臣が正式参加することは、2015年11月末の日本防衛学会で堀地徹装備政策部長が既に表明していたものであり、まさしく科学技術の軍事化を象徴するものとなる。また、米国に設置されている国防科学委員会を日本にも作ろうという企ては、「御用学者」を政策決定により深く組み込むものだ。米国のDSBはブッシュ政権によるイラク戦争や宇宙の軍事化を促進する役割を果たした。これは、急進展する軍学共同の動きを加速させることにもなるだろう。さらに、軍事研究への助成金を一挙に100億円に増額することが学術の現場に及ぼす破壊的な影響は恐ろしいものがある。実現すれば、まさに学術は軍事の下請けと化すだろう。

先に紹介したBSフジのプライムニュースの最後で、森本敏氏は「(軍民)両用技術の開発をすすめ、安全保障に活用すべし」との提言をボードに書いた。そして、「ロボット、人工知能、無人システム、サイバーで日本がリーダーシップを取るため、国が企業を支援せよ」と強調した。この文章の冒頭に紹介した三菱重工の西岡喬会長(当時)のかつての発言を彷彿とさせるものだ。

こうした提言を見ると、停滞する武器輸出の巻き返し戦略の核心が明確になってくる。予算を投入して武器本体の輸出を促進するための条件整備をしながら、日本の高度な民生品・技術の軍事転用や輸出を抜本的に強化していく。そのために、大学や研究機関などの学術界や中小企業を一挙に巻き込んでいく。まさしく「オールジャパン」体制の構築が狙われているのではないか。

しかし、こうした巻き返し戦略は弱点も抱えている。安倍政権の武器輸出・開発戦略が矛盾に満ちたものだからだ。安倍政権は「武器輸出しろ」と企業の尻をたたく一方で、米国製の高額な武器の輸入を増加させている。オスプレイ（1機あたり112億円）、グローバルホーク（1機あたり480億円）、F35（1機あたり180億円）などである。

米国がとっているFMS（有償軍事援助）と呼ばれる方式は、いったん米国政府が軍需企業から武器を買い取り、それを他国に輸出するというものである。これによって、日本は米国の武器を言い値で買わされ、一部の部品の納入が数年遅れることすらあるという状態に陥っている。第2次安倍政権発足時の2012年度から2015年度にかけて、FMSの金額は3・5倍の4657億円に急増した。国内の軍需企業から見れば、あまりにもいびつなやり方である。

自民党国防部会の提言にはこんな一節がある。

「現在、わが国が優れた装備品を継続的に開発・生産し、『技術的優越』を確立・維持していくことが可能となるか否かを決する、瀬戸際のタイミングである」

FMSを増大させ、米国製の武器を「爆買い」することが、日本企業を武器輸出の拡大へと誘導する圧力として作用している。しかし、武器輸出や国際共同開発への参入に失敗すれば、日本の軍需企業自体が取り返しのつかない停滞に追い込まれるという危機感を、国防族議員や軍需産業は持っているのではないか。その意味で、ここ1年から2年が勝負どころとなるのではないだろうか。

日本版「軍産学複合体」の形成を止めるために

戦争の駆動力とも言うべき日本版「軍産学複合体」の形成を許すのか否か。そして、日本の経済と社会が戦争を欲するものに変質するのか否か。重大な歴史の分岐点に立って、最後に、私が考えるいくつかの課題をあげてみたい。

第1に、武器本体の輸出や共同研究・開発を中止させていく取り組みをさらに力強く展開していくことだ。

NAJATでは、三菱電機、富士通、NECなどにターゲットを絞り、要請先を明記して、「死の商人にならないで」という声を直接届けようと呼びかけるチラシを大量に配布してきた。一般には軍需企業と見られていないものの、確実に武器輸出に関与しつつある企業に「レピュテーションリスク」を感じさせるためだ。また、6月初旬には、こうした企業や「ユーロサトリ」出展企業への申し入れもおこなった。要請書の受け取りすら拒否する企業も目立った。

「あなたの企業の製品を買い続けたいので、武器輸出だけはやめてほしい」消費者として、企業に直接声を届けることは、最も有効なプレッシャーになり得ると確信している。とりわけ、イスラエルとの無人機共同研究に関与しようとする企業に対しては、ボイコット（不買）運動も辞さない構えで対抗していきたい。

その中で、既に1兆5800億円もの血税が注ぎ込まれ、既成事実化してしまった日米「ミサイル防衛」（MD）共同開発への説得力ある批判をおこなうことも重要だ。

盾を強化することで矛による攻撃が容易になってしまう。MDは「防衛」兵器ではなく、アメリカがおこなう先制攻撃への反撃に対処する「先制攻撃促進装置」であることを示していきたい。現在、韓国への配備が決定したサードミサイルが中国やロシアの猛反発を受けていることにも明らかなように、MDが軍拡競争を促進する「百害あって一利なし」の無用の長物であることを広く訴えかけたい。

確信犯企業に対抗する

同時に、「確信犯」とも言うべき軍需企業に対しては、より集中した武器輸出反対キャンペーンを展開する必要がある。

新三原則のもとで先行している日英ミサイル共同研究は既に第2段階に入っている。戦争加担に直結する危険性を広く訴え、参加する三菱電機にさらにプレッシャーをかけ、開発段階に進む手前で中止に追い込みたい。

また、日本最大の軍需企業である三菱重工は「レピュテーションリスク」なんてどこ吹く風とばかりに、武器輸出に前のめりになっている。同社はオーストラリアの次期潜水艦商戦で手痛い敗北を喫したものの、6月10日に開催した「防衛・宇宙ドメイン事業戦略説明会」の説明資料では、「防衛装備移転三原則の閣議決定に基づく海外案件が拡大」と述べ、F35戦闘機の最終組立の基盤確立（現在は国内向けのみ）やMD用迎撃ミサイルSM3の共同開発・生産への進展、さらには、新たな国際共同開発事業への参画や将来戦闘機の開発、新型護衛艦の研究などを明記している。まさしくやる気満々だ。

三菱重工は、2030年代に退役すると見られるF2戦闘機の後継機を見据えて、国産ステルス実証機を開発中であり、4月には初飛行をおこなった。7月中旬には、米軍需大手のボーイングが日本政府と三菱重工に対して、F2後継機のステルス戦闘機の共同開発を提案していることが明らかになっている。次々と浮上するこうした動きに対して、機敏かつ効果的に対抗していくことが求められている。

民生品の軍事転用に歯止めを

第2に、巻き返し戦略の柱の一つとなっている民生品・技術の軍事転用を止めなければならない。そのためには、研究者が軍事研究に加担する言い訳ともなっている「デュアルユース」(軍民両用技術)論への批判が欠かせない。本書で池内了さんが強調されているように、軍からお金が出ているものは軍事研究であるという原則を強調すべきだ。そして、たとえ民生品であっても、武器見本市に出展することは軍事転用に道を開くものであるという批判を、企業に繰り返しぶつけなければならないだろう。

先に紹介したNHKスペシャル「ドキュメント武器輸出」の後半で、日本の従業員20人の中小企業が製造するレンズが、他国軍の無人機のカメラに使用されていることが明らかにされていた。10枚以上のレンズを手作業で組み合わせ、10キロ以上先も赤外線フィルターによって鮮明にとらえることができるという。米国の仲介業者が他国の軍需企業に転売することを認識していながら、日本企業は「うちのものが直接人を殺傷するものじゃない」と言い訳してレンズを売却していた。中小企業自身が「死の商人」の末端に連なることをよしとするか否かは、今後の武器輸出をめぐる重要な分岐点となるだろう。

防衛省との2015年度上位20社の契約実績

（2016年６月10日防衛省発表、金額単位：億円）

区分／順位	契約相手方	件数	金額	年間調達額に対する比率【%】（注1）	主な調達品	過去5カ年の順位				
						'14	'13	'12	'11	'10
1	川崎重工業㈱	118	2778	15.3	P-1固定翼哨戒機、次期機上電波測定装置の搭載母機改修、MCH-101の機体維持業務等に係る包括契約、中距離多目的誘導弾、P-1搭乗員訓練装置（その7）	2	3	3	2	3
2	三菱重工業㈱	178	1998	11.0	潜水艦（8126）、FMSにより調達するF-35Aの米国企業による製造への下請生産業務委託、垂直発射装置VLS　MK41（その2）、地対空誘導弾ペトリオット再保証弾	1	1	1	1	1
3	㈱ＩＨＩ	37	1147	6.3	P-1用エンジン（F7-10・搭載用）、戦闘機用エンジンシステムの研究試作、主機械LM2500IEC型ガスタービン機関（27DDG用）、P-3C用エンジン・オーバーホール（T56-14）	6	5	9	7	9
4	三菱電機㈱	94	1083	6.0	99式空対空誘導弾（B）、03式中距離地対空誘導弾、シースパローミサイルRIM-162、新型護衛艦用レーダシステム（その1）の研究試作、自機防御装置（HLQ-4・P-1用）	5	2	4	3	2
5	日本電気㈱	233	739	4.1	自動警戒管制システム等（自衛隊デジタル通信システム連接機能等）、音響処理装置（HQA-7・P-1用）、衛星通信装置NYRQ-1（　）、地上マイクロ伝送システム	3	4	2	4	4

6	㈱東芝	63	573	3.2	81式短距離地対空誘導弾(C)、91式携帯地対空誘導弾(B)、91式携帯地対空誘導弾(B)訓練器材、11式短距離地対空誘導弾	8	8	7	6	11
7	ジャパンマリンユナイテッド㈱(注2)	3	389	2.1	護衛艦(1615)、浄水装置(MD及び25DD用テストサイト器材)、冷却装置(BMD及び25DD用テストサイト器材)	20	17	6	—	5
8	富士通㈱	98	364	2.0	事務共通システム用システム設計、プログラムの設計及び製造、中央指揮システム　中央システム　統合共通業務用機器Ⅰの借上、防衛情報通信基盤用ネットワーク監視器材の借上	7	6	8	5	6
9	㈱小松製作所	29	291	1.6	120mmM、JM1りゅう弾、信管なし、120mmTKG、JM12A1対戦車りゅう弾、91式105mm多目的対戦車りゅう弾、155mmH、M107りゅう弾、軽装甲機動車、96式装輪装甲車(Ⅱ型)	9	7	10	8	7
10	住友商事㈱	15	261	1.4	水陸両用車(AAVP7A1　RAM/RS)人員輸送型、情報システム　GRQ-62、水陸両用車(AAVC7A1　RAM/RS)指揮通信型、水陸両用車(AAVR7A1　RAM/RS)回収型	65	25	61	14	35
11	高速マリン・トランスポート㈱	1	250	1.4	民間船舶の運航・管理事業	—	—	—	—	—
12	JXエネルギー㈱	134	184	1.0	航空タービン燃料JP-5(免税)、航空タービン燃料JP-4(免税)	12	9	11	9	10
13	ダイキン工業㈱	35	156	0.9	00式120mm戦車砲用演習弾、10式120mm装弾筒付翼安定徹甲弾、81mmM、JM41A1りゅう弾、信管なし、先進対艦・対地弾頭技術(その1)の研究試作	17	12	14	12	14

14	㈱日本製鋼所	17	152	0.8	装輪155mmりゅう弾砲(その2)、99式自走155mmりゅう弾砲、62口径5インチ砲、120mm戦車砲砲座付き(10式戦車用)、MK25キャニスタ	19	15	22	23	15
15	㈱ジーエス・ユアサテクノロジー	19	145	0.8	潜水艦用主蓄電池(SLH)(27SS用)、潜水艦用主蓄電池(SCG・維持用)、据置鉛蓄電池MSE-2000、据置鉛蓄電池　MSE-200	32	27	32	46	26
16	㈱日立製作所	64	143	0.8	地理情報システム借上、多用途連接通信装置、海幕システム用器材(その2)(借上)、対潜資料隊システムソフトウェア(海洋)(その1)、07式機動支援橋	13	10	12	10	12
17	コスモ石油㈱	60	126	0.7	軽油2号(艦船用)(免税)、航空タービン燃料JP-5(免税)、航空タービン燃料JP-4(免税)	14	11	13	11	13
18	新明和工業㈱	8	123	0.7	US-2救難飛行艇、US-2機体定期修理、U-36A機体定期修理、FUEL TANK KEEPER、U-4機体定期修理	48	18	79	73	63
19	中川物産㈱	80	121	0.7	軽油2号(艦船用)(免税)、重油特種1号	23	22	17	13	17
20	富士重工業㈱	25	116	0.6	航空機搭載型小型赤外線センサシステムインテグレーション(その3)の研究試作、UH-1J機体定期修理及び機体改修、陸上自衛隊新多用途ヘリコプター(その1)	25	16	18	18	18

(注1)　年間調達額に対する比率は、2015年度契約額18,126億円に対する比率である。
(注2)　2010〜11年度の順位は㈱アイ・エイチ・アイマリンユナイテッドとしての順位（2013.1.1ユニバーサル造船㈱と経営統合）

また、無人兵器、ロボット兵器のみならず、米国をはじめとする各国が開発競争に入っているAI（人工知能）兵器に日本の民生技術が組み込まれる恐れさえ出てきている。それを防ぐには、武器輸出三原則の単純な復活だけでは足りない。現在、「友好国」「同盟国」への軍事転用可能な民生品・技術の輸出には有効な規制がなされていない。例えば、パナソニック製の頑丈なノートパソコンである「タフブック」は、中東などでの米軍の軍事作戦の現場で広く活用されている。また、ソニーのプレイステーションを米軍が大量購入したこともよく知られている。

友好国であっても、言葉の真の意味での「紛争当事国」への軍事転用可能な民生品の輸出は、しっかりと規制するような輸出管理の仕組みを作らせていく必要があるだろう。

軍事費削って暮らしにまわせ

第3に、軍事費の拡大をしっかりと批判することも大切になっている。2015年、世界の軍事費は4年ぶりに増加し、1兆6760億ドル（約187兆円）に達した（ストックホルム国際平和研究所）。日本の2016年度の軍事費は前年度比1・5％増の5兆541億円となり、戦後初めて5兆円の大台を突破した。さらに、防衛省は2017年度予算の概算要求に、PAC3の射程を伸ばす改修費や日米共同開発中の能力向上型SM3ブロック2Aの取得費などを含む、過去最大の総額5兆1685億円を計上する方針を固めた。

軍事費について、アンドルー・ファインスタインはこう指摘している。「国防費の負担は、なによりも重要な社会の要求や発展の必要性から資源を奪うことになり、それが本質的に社会の不安定をあおる」(『武器ビジネス』)。軍事費に予算が回されることで、本当に人々が必要としている予算が削られる。武器は使用されれば人々を直接殺傷するが、使用されなくても暮らしを圧迫することで人々の生存と安全を脅かすのだ。

例えば、2015年に国連で合意された17の「持続可能な開発目標」(SDGs)のうち、予算措置を必要とする15項目については、世界の軍事費1兆6760億ドルの3分の2で達成可能だという。そして、2016年2月に放映されたNHKスペシャル「難民大移動」によれば、UNHCRのシリア難民支援プロジェクト経費は総額1800億円だが、まだ6割程度しか集まっていないと報じられていた。

この1800億円という金額は、海上自衛隊が導入し続けているイージス艦1隻分(2016年度計上分1隻1734億円)にほぼ等しい。さらに、イージス艦約3隻分の5000億円があれば、全国で必要とされている3300か所の保育所建設費がまかなえると言われている。加えて言えば、安倍政権が発足する前の2012年度の軍事費と2016年度の軍事費の差額である3400億円があれば、保育士の給与の月5万円アップ分（2800億円）でおつりが出るというデータもある。

米国製兵器を爆買いして軍事費を膨張させることをやめさせるために、今こそ「軍事費削って暮らしにまわせ」の声を大きくしていくことが必要になっている。そのために、格差・貧困の是正や社会保障の充実を求める市民運動と「安保法」廃止や軍拡・武器輸出に反対する運動がしっかりと交流し、連携を強めていくことが求められている。

現在進行形の戦争をとらえる

第4に、現在進行形の戦争の具体的な実態に即した武器輸出批判が重要になるだろう。たとえ日本が武器輸出三原則を取り戻しても、それで世界の武器輸出が止まるわけではもちろんない。武器輸出三原則を世界の紛争現場から見つめ、鍛え直し、その意義と限界を冷静に見極めることが必要だ。

国内のマスメディアは世界の紛争を助長している武器輸出の実態をほとんど伝えていない。

例えば、オバマ米大統領が最初の5年間で承認した武器輸出は1690億ドルを超え、ブッシュ政権8年間の総額を300億ドルも上回った。これは、第2次世界大戦後のどの大統領よりも多額である。『ロッキード・マーティン 巨大軍需企業の内幕』（草思社）などの著書もある米「国際政策研究所」のウィリアム・D・ハートゥングは、「オバマの武器バザール」と呼んで厳しく批判し、「もはや手をつけられない。どの陣営にも米国製兵器があり、もうぐちゃぐちゃです。米国の兵器で敵が武装。まるでブーメランです」と指摘している（『デモクラシー・ナウ！』2015年4月7日放送）。

米国の武器輸出の6割は中東向けであり、最大の輸入国はサウジアラビアである。ストックホルム国際平和研究所（SIPRI）のデータによれば、サウジアラビアの2014年の年間軍事費（808億ドル）はGDPの10・4％。また、2011年〜2015年の武器輸入額は2006年〜2010年に比べて275％も増大した。ちなみに、アラブ首長国連邦（UAE）は35％増、カタールが279％増、エジプトが37％増など中東各国の拡大ぶりが目立つ。

そのサウジアラビア主導の連合軍による隣国イエメンへの無差別爆撃は、明らかに戦争犯罪である。イエメンでの戦闘による死者は民間人3799人（6割がサウジ連合軍によるもの）を含む約6600人に達し、300万人が避難民となっている。住宅地や病院、学校、市場、港湾、民生用工場、国内避難民キャンプなどが空爆され、クラスター爆弾さえ使用されている。ジュネーブ条約に違反する国際人権・人道法違反の戦争犯罪がおこなわれていることに対して、欧州をはじめとする世界のNGOが「武器貿易条約（ATT）違反だ」と非難を強め、2016年2月25日、欧州議会はサウジアラビアへの武器輸出禁止を決議した。しかし、英米仏など各国は武器輸出をやめていない。日本政府は日英ミサイル共同研究をただちに中止し、英国に武器輸出をやめるよう要求すべきだ。

また、日本製のレンズが組み込まれているとされる無人機による戦争への批判を強めることもますます重要だ。

2015年11月、パキスタンのナビラ・レフマンさん（12歳）が来日して、米国の無人機攻撃による深刻な被害を訴えた。彼女は2012年10月、無人攻撃機の空爆によっておばあさんを殺され、自身もケガを負った。彼女は、憎悪を拡大させる無人機攻撃ではなく、教育への支援こそをおこなってほしいと呼びかけた。ともに来日したシャザド・アクバル弁護士は、ドイツやオーストラリアなどの米軍基地が米軍の無人機戦争を支えていることを告発していた。いつの日か、在日米軍基地がそうした機能を果たす日が来るかもしれない。

米国やイスラエルによる無人機攻撃はそもそも国際法違反の暗殺である。しかも、映画『ドローン・オブ・ウォー』が描き出したように、CIAなどによる無人機作戦は一人の

武器見本市「Mast ASIA」には悪名高い「プレデター」などの無人攻撃機を製造する米軍需企業「ジェネラルアトミクス」社のブースも（2015年5月15日、パシフィコ横浜）

米国による無人機攻撃の被害を受けたナビラ・レフマンさん（左は父親のラフィク・レフマンさん）
（2015年11月16日、来日シンポジウムで）

「テロリスト」を殺害するために、周りにいる多数の民間人もろとも空爆する戦争犯罪そのものだ。また、「テロリスト」への攻撃自体も、相手を識別しないまま特定の行動をサインと見なして攻撃する「シグネチャー・ストライク」と呼ばれる乱暴な方法が用いられているという。

2015年10月、『アメリカの卑劣な戦争』（柏書房）という邦訳もあるジャーナリストのジェレミー・スケイヒルが主宰する独立系サイト「インターセプト」は、機密文書を暴露し、米国が2012年5月から9月にかけて、アフガニスタンで無人機攻撃により殺害した人の9割近くが「標的」とは別人だったことを明らかにした。標的は主に通信傍受に頼った情報により選ばれていたという。驚くべき数字だ。

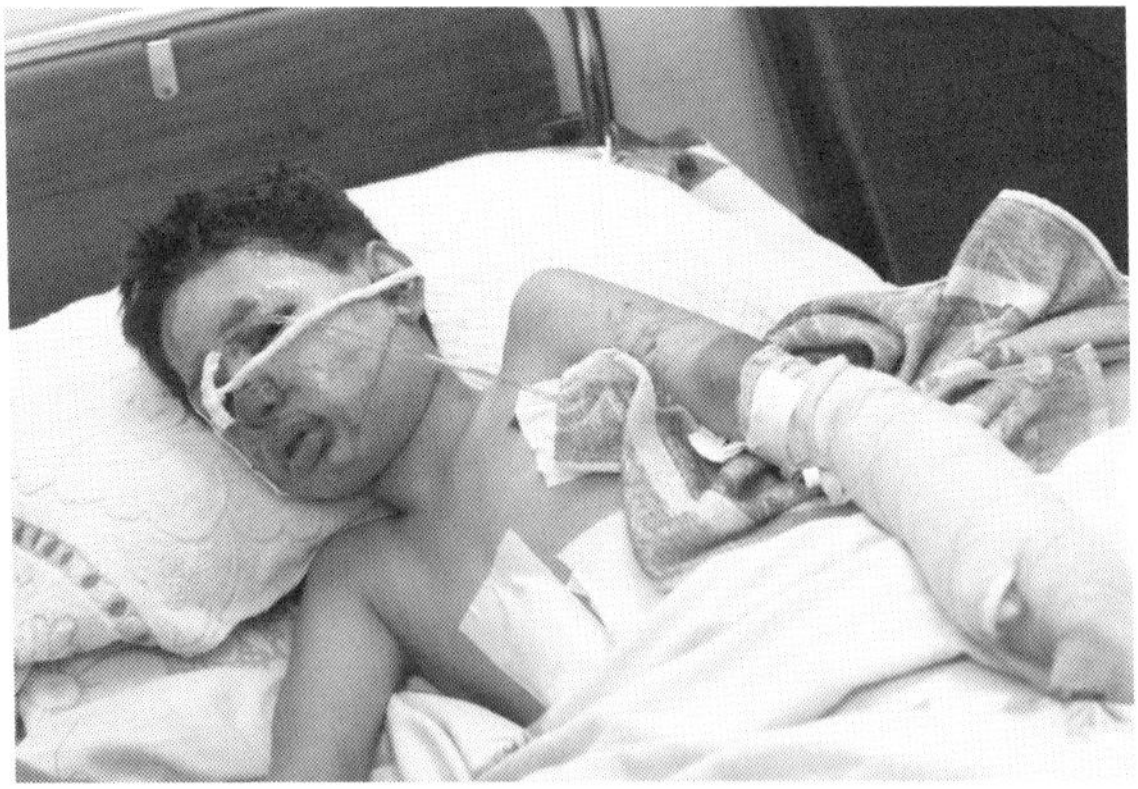

イスラエル軍の無人機攻撃によって負傷したガザの少年
（2014年7月31日、撮影：志葉玲）

武器輸出禁止法の制定へ

最後に、武器輸出三原則の復活と強化、そしてグローバル化のためには、政治への働きかけが不可欠になることを強調しておきたい。とりわけ、野田政権時代に武器の国際共同開発を武器輸出三原則の包括的な例外としてしまった民主党（現民進党）に抜本的な政策見直しを求める必要があろう。

そしてその先に、一歩進んで「武器輸出禁止法」の形へと発展させていくべきだろう。武器輸出三原則は元々、法律で定められたものではなく、「外国為替及び外国貿易法に基づく政令別表の運用指針」だった。実際には「国是」と言われるほどに法的規範として定着していたが、やはり不安定さを抱えていた。それを法制化することによって、拘束力を強化していきたい。その際には、市民が法案の原案を作り、心ある議員や法制局とともに内容を洗練させていく「市民＝議員立法」の手法をとることが有効だろう。

かつて私は、作家の故・小田実さんら阪神・淡路大震災被災者による住宅再建への公費給付を求める「市民＝議員立法」運動に参加した。この取り組みは被災者自身の格闘の末に結実し、日本に存在しなかった住宅再建支援制度の創設につながった。安倍政権が閣議決定のみで葬り去った武器輸出三原則を、主権在民を具現化する形で市民の手で編み直し、法制化にまでこぎつけたい。

武器輸出三原則の法制化の先には、そのグローバル化に向けた道筋も描いていきたいと思う。世界には自国の武器輸出に反対して活動してきたＮＧＯ、市民団体が数多く存在している。そうした人々と国境を超えてつながることで、巨大な「軍産複合体」を包囲していくような展望を切り開くことができるだろう。

そして、早くも骨抜きの始まった武器貿易条約（ＡＴＴ）を抜本的に強化していくことも日本と世界の市民にとっての重要な課題だ。

２０１３年４月に国連総会で採択されたＡＴＴは、締約国が、条約の規制対象兵器が輸出先でジェノサイドや人道に対する罪などの実行に使用されるであろうことを知っている場合や、国際人権・人道法の重大な違反の実行や助長に使用されるような「著しいリスク」があると判断した場合、締約国は輸出を許可してはならないと明記されている。しかし、８月26日に閉幕した第２回ＡＴＴ締約国会議では、イエメンへの武器輸出問題はほとんど議論されず、重要な論点だった報告書の書式は不透明なものとなり、その公開も義務付けられないという合意にとどまった。日本ではまだ十分に知られていないＡＴＴに関して、市民やＮＧＯによる監視と日本政府に対する働きかけが必要とされている。

勝ってはいないが負けてもいない

武器輸出三原則の撤廃から2年以上が過ぎた。改めて強調したいのは、武器輸出をめぐる攻防において、市民は「勝ってはいないが負けてもいない」ということだ。オーストラリアの次期潜水艦商戦に日本が落選した際、NHKの23時台のニュース番組のキャスターが「残念でしたね」と平然と語っていた。私は「日本もここまで来てしまったのか」との思いを禁じ得なかった。

でも、辛うじてまだ間に合うと思う。今なら、日本版「軍産学複合体」を初期の段階で潰してしまうことは十分に可能だ。市民の行動によって、軍需企業が感じる「レピュテーションリスク」を最大化させ、「死の商人国家」への道を完全にふさいでしまいたい。そして、世界的な武器輸出禁止をも射程に入れるような夢と力のある運動を作っていきたい。

アンドルー・ファインスタインは「日本が輸出した武器はやがて自分に向かう」(2016年4月3日、朝日GLOBE)と警鐘を鳴らしている。その言葉を自分事として受け止める市民は、武器が他者にも自己にも向けられない未来、武器が存在価値を失う未来に向けて、既に歩き出しているのだ。

あとがきに代えて

——「武器輸出しない」国を選び直すこと

日本の「国是」とされてきた武器輸出三原則は、安倍政権によって2014年4月1日のエイプリルフールにあっけなく撤廃された。しかし、日本社会の反応は事の重大さに見合うものではなく、「静か」だった。

中東やアフリカを中心に悲惨な紛争が続き、大国の空爆に対抗する形で欧州などでも「テロ」が頻発している。日本を取り巻く東アジアでも残された冷戦が終わらず、緊張はむしろ激化している。アンドルー・ファインスタインは「20世紀のあいだに、武器取引は3億3100万人もの命を奪った紛争を実行可能にし、それを焚きつけてきた」（『武器ビジネス』）と書いている。人類は歴史から学ばないのか。武器輸出がブーメランとして自国にはね返ってくる時代にあって、自国の武器輸出を止めることこそが安全保障なのだということに気づく人々は決して少なくないと信じたい。

武器輸出三原則は憲法9条の理念を反映したものだが、自動的に出来たものではない。私が参加した2016年4月25日の「防衛装備」シンポジウムで、司会を務めた田村重信・自民党政務調査会審議役は、戦後日本が武器輸出をおこなっていたことを誇らしげに紹介していた。確かに日本は、朝鮮戦争の開始を受けて1952年に武器生産を再開し、武器輸出にも踏み切った。以降15年ほど、米国や東南アジア諸国に武器輸出をおこなった。

1967年に佐藤内閣が表明し、1976年に三木内閣が厳格化した武器輸出三原則は、ベトナム戦争に反対し、日本製の武器が他国の人々を殺すことに反対する世論こそが作らせたという側面があることを強調しておきたい。所与のものとしてあったのではなく、戦争に加担しないという憲法9条の理念を具現化するものとして、日本の市民が武器輸出三原則を選び取ったのである。

それはいわゆる「普通の国」の姿ではない。社会福祉大国として有名なスウェーデンや、戦後補償において日本と対比されるドイツも、「立派な」武器輸出大国であり「死の商人国家」なのだ。世界有数の「経済大国」でありながら、武器輸出というカードを放棄するという選択が持つ積極的な意味を、日本の市民は今こそとらえ直すべきだと思う。６５３０万人（２０１５年末、ＵＮＨＣＲ＝国連難民高等弁務官事務所）という戦後最多の難民を産みだすに至っている悲惨な紛争が続く今こそ、武器輸出禁止の旗を高く掲げるべきなのだと思う。

本書では、日本が２０１６年の現在において、「死の商人国家」に向かう危険な流れを明らかにしたうえで、それに抗する論理と人々の姿を浮き彫りにした。

本来なら、もっと早い時期にこうした出版はなされるべきだったかもしれない。武器輸出に反対する市民の動きが出遅れたことは否めないが、この間、ぐいぐいと前進してきたと自負している。決して派手ではなく、マスメディアの注目度もまだ弱いものだが、形成されつつある日本版「軍産学複合体」の弱点を見すえて、行動を積み重ねてきた。武器輸出三原則の撤廃から2年以上が過ぎた今、周回遅れのスタートから挽回して、先を走る「死の商人」たちの姿を射程にとらえるところまで来たと思う。

まだ小さいものの、ランナーの背中は確かに見えてきた。本書は、ここからスパートをかけて、追い抜き、立ちはだかるためのエネルギーを得るためにこそ出版された。武器輸出や軍学共同に反対する草の根の動きを、より力強く、確かなものにしていきたいと思う。

私は本書で、市民は「勝ってもいないが負けてもいない」と強調した。日本の市民が再び武器輸出三原則を選び直すことができるかどうか。そして、それを掲げて世界の紛争を終わらせるためのイニシアチブを発揮できるかどうか。それは、この本を読まれた一人ひとりの声と行動に懸かっている。

武器輸出反対ネットワーク（ＮＡＪＡＴ）の発足集会にご登壇いただき、本書のインタビューや執筆を快く引き受けていただいた古賀茂明さん、望月衣塑子さん、池内了さんに心から感謝したい。

そして、ＮＡＪＡＴの仲間や応援してくれる方々にも、「今後もがんばろう」と改めてエールを送りたい。

最後に、本書出版をご提案いただき、とりわけ執筆の遅い私の原稿を根気強く待っていただいたあけび書房の久保則之さんに心から感謝します。

数年後に、「なんとか武器輸出が止められて良かった」と言えますように。

２０１６年８月　武器輸出反対ネットワーク（ＮＡＪＡＴ）代表・杉原浩司

池内　了（いけうち さとる）

1944年兵庫県生まれ、1972年京都大学大学院理学研究科物理学専攻修了、理学博士。京都大学を皮切りに北海道大学・東京大学・大阪大学・名古屋大学の５旧帝大を経て総合研究大学院大学に勤務。

現在は、名古屋大学および総合研究大学院大学名誉教授。専門は宇宙物理学・宇宙論、科学・技術・社会論。

著書に、『宇宙論と神』『物理学と神』（いずれも集英社新書）、『科学の限界』（ちくま新書）、『科学と人間の不協和音』（角川新書）、『疑似科学入門』（岩波新書）、『科学・技術と現代社会』（みすず書房）、『重大な岐路に立つ日本』（共著、あけび書房）などがあり、最新刊は『科学者と戦争』（岩波新書）。

古賀 茂明（こが しげあき）

1955年長崎県生まれ。東京大学法学部卒、通商産業省（現経済産業省）に入省後、産業再生機構執行役員、経済産業政策課長、中小企業庁経営支援部長などを歴任。2008年国家公務員制度改革本部審議官に就任し大胆な改革を次々と提議。霞ヶ関「改革派の旗手」となる。

2011年９月末に経済産業省退官後も報道機関の自粛ムードの中で、圧力に負けず独自の見解の発信を続ける。

同年より大阪府市統合本部特別顧問を務める。

報道ステーションコメンテーターを３年間務めたが、安倍政権の圧力などにより2015年３月で降板。

2015年３月「改革はするが、戦争はしない」市民キャンペーン【フォーラム４】を立ち上げる。http://forum4.jp/

同年５月、外国特派員協会「報道の自由の友賞」受賞。

著書:『日本中枢の崩壊』（講談社）、『官僚の責任』（ＰＨＰ新書）、『信念をつらぬく』（幻冬舎新書）、『利権の復活』（ＰＨＰ新書）、『国家の暴走』（角川新書）など

杉原 浩司（すぎはら こうじ）

1965年鳥取県生まれ。1980年代半ばより市民運動に参加。PKO 法反対、故・小田実さんら阪神・淡路大震災被災者による住宅再建への公的支援を求める「市民＝議員立法」、ミサイル防衛反対、脱原発、秘密保護法反対などに取り組む。2015年の戦争法案審議では、集団的自衛権問題研究会ニュースレビュー編集長として、国会審議ダイジェストを発信。武器輸出反対ネットワーク（NAJAT）代表。

『世界』別冊「2015年安保から2016年選挙へ」に「国会を市民の手に取り戻す―『戦後最長国会』審議の内実」を寄稿。同誌2016年６月号の武器輸出特集の座談会に参加。『ビッグイシュー日本版』2016年７月15日号特集「軍事化する日本」にインタビュー記事掲載。『宇宙開発戦争』（ヘレン・カルディコット他著、作品社）に「日本語版解説」を執筆。

望月 衣塑子（もちづき いそこ）

1975年、東京都生まれ。東京新聞記者。慶応義塾大学法学部卒業後、東京・中日新聞社に入社。千葉、神奈川、埼玉の各県警、東京地検特捜部などで政治家の汚職問題など事件を中心に取材。2004年、日本歯科医師医連盟のヤミ献金疑惑の一連の報道をスクープし、自民党と医療業界の利権構造を暴く。2009年には、足利事件の再審開始決定をスクープする。東京地裁・高裁での裁判担当後、経済部記者などを経て、現在は社会部遊軍記者。日本学術会議や軍学共同、武器輸出問題を主なテーマに取材。

著書に『武器輸出と日本企業』(角川新書)。『世界』2016年６月号特集「死の商人国家になりたいか」（岩波書店）で「国策化する武器輸出」を寄稿。二児の母、趣味は子供と遊ぶこと。

武器輸出大国ニッポンでいいのか

2016年 9 月15日　第 1 刷発行

著　者——池内了、古賀茂明
　　　　　杉原浩司、望月衣塑子

発行者——久保 則之

発行所——あけび書房株式会社
〒102-0073 東京都千代田区九段北1-9-5
☎ 03. 3234. 2571 Fax 03. 3234. 2609
akebi@s.email.ne.jp http://www.akebi.co.jp

組版／アテネ社　印刷・製本／中央精版印刷

ISBN978-4-87154-148-0 C3036

あけび書房の本

今、私たちは何をしたらいいのか？
重大な岐路に立つ日本
世界平和アピール七人委員会編　池内了、池辺晋一郎、大石芳野、小沼通二、高原孝生、髙村薫、土山秀夫、武者小路公秀著　深刻な事態に直面する日本の今を見据え、各分野の執筆陣が直言する。

１４００円

「戦争のできる国」ではなく「世界平和の要の国」へ
金平茂紀、鳩山友紀夫、孫崎享著　今こそ従米国家ニッポンからの脱却を！　普天間即時閉鎖！　辺野古即時断念！　沖縄を東アジアの平和の要石に！　官僚たちの対米従属ぶりのおぞましさも描く。

１５００円

アベ政治を許さない！　わたしたちは絶対にあきらめない！
安倍壊憲クーデターとメディア支配
丸山重威著　戦争立法絶対反対！　民主主義を守れ！　憲法守れ！　この国民の声は不変です。安倍政治の底流は何か？　政権のメディア支配も解明。今を見据え、これからを闘うための渾身の書
１４００円

「政府のＮＨＫ」ではなく、「国民のためのＮＨＫ」へ
ＮＨＫが危ない！
池田恵理子、戸崎賢二、永田浩三著　「大本営放送局」になりつつあるＮＨＫ。何が問題で、どうしたらいいのか。番組制作の最前線にいた元ＮＨＫディレクターらが問題を整理し、緊急提言する。

１６００円

価格は本体